KOMPLETTES ZUHAUSE
ELEKTRISCH
VERKABELUNG
UND
UMGESTALTUNG

So verlegen Sie die Verkabelung für moderne Häuser mit einer praktischen Schritt-für-Schritt-Anleitung

Joe K. Kenn

Copyright©2024 Joe K. Kenn

Alle Rechte vorbehalten

Kein Teil dieser Veröffentlichung darf ohne vorherige schriftliche Zustimmung des Herausgebers in irgendeiner Form oder mit irgendwelchen Mitteln, einschließlich Fotokopieren, Aufzeichnen oder anderen elektronischen oder mechanischen Formen, reproduziert, verbreitet oder übermittelt werden.

Der Zweck dieses Dokuments besteht darin, genaue und vertrauenswürdige Informationen zum besprochenen Thema und Problem zu geben.

Das hier bereitgestellte Material ist angeblich genau und konsistent, mit dem Haftungsausschluss, dass der empfangende Leser die alleinige und vollständige Verantwortung für jegliche Haftung trägt, die sich aus Missbrauch oder Unachtsamkeit bei der Anwendung der enthaltenen Richtlinien, Verfahren oder Anweisungen ergibt. Der Herausgeber übernimmt keinerlei rechtliche Haftung oder Schuld für Schäden, Entschädigungen oder finanzielle Verluste, die sich aus den in dieser Veröffentlichung enthaltenen Informationen ergeben, unabhängig davon, ob diese direkt oder indirekt verursacht wurden. Alle Urheberrechte, die nicht dem Herausgeber gehören, liegen bei den jeweiligen Autoren.

Diese Informationen dienen allgemein nur zu Informationszwecken. Die bereitgestellten Informationen sind ohne jegliche Garantie oder

Verpflichtung. Warenzeichen werden ohne Genehmigung verwendet und die Veröffentlichung der Warenzeichen erfolgt ohne Genehmigung oder Unterstützung des Warenzeicheninhabers. Die Warenzeichen und Marken dieses Buches sind Eigentum ihrer jeweiligen Inhaber und werden lediglich zur Verdeutlichung verwendet; sie stehen in keinem Zusammenhang mit dieser Veröffentlichung.

INHALTSVERZEICHNIS

INHALTSVERZEICHNIS 4

EINFÜHRUNG..9

KAPITEL 1: STROM VERSTEHEN 19

   Die Grundlagen der Elektrizität verstehen......................19
      Grundlagen der Elektrizität...19
      Wechselstrom vs. Gleichstrom und ihre Verwendung im Haushalt..23
      Elektrische Energie verstehen 26

   Sicherheit geht vor: Elektrische Gefahren und Vorsichtsmaßnahmen...28
      Häufige elektrische Gefahren 29
      Grundlegende Sicherheitsmaßnahmen 30
      Werkzeuge, die Sie aus Sicherheitsgründen immer zur Hand haben sollten...33

KAPITEL 2: PLANUNG IHRES HAUSVERKABELUNGSPROJEKTS 37

   Ermittlung des Strombedarfs moderner Häuser...............37
      Berechnung des Strombedarfs: Informationen zu Last, Schaltkreisen und Geräten 38
      Bewertung des elektrischen Systems in einem bestehenden Haus...42

   Erstellen eines Verdrahtungsplans: Zuordnen von Stromkreisen für Ihr Zuhause 46
      So verlegen Sie Stromkreise für Ihr Zuhause................47
      Checkliste für jeden Raum 50

   Besorgen Sie sich die richtigen Werkzeuge und Materialien für die Hausverkabelung 55
      Wichtige Werkzeuge für die Verkabelung......................55
      Gängige Materialien für die Verkabelung 58

KAPITEL 3: SCHALTTAFELN, LEISTUNGSSCHALTER UND SERVICEANSCHLÜSSE 63

   Grundlegendes zu Schalttafeln (Servicepanels)...............63

Die Rolle des Servicepanels bei der Hausverkabelung .64
Hauptschalter: Das Kontrollzentrum Ihres elektrischen Systems..65
Unterverteiler: Erweiterung Ihres elektrischen Systems 66
Leistungsschalter: Der Sicherheitsmechanismus.........67

Installieren und Aufrüsten von Leistungsschaltern: Ein professioneller Leitfaden 70
Arten von Leistungsschaltern......................................70
Schrittweiser Installations- und Aktualisierungsprozess 72

Erdungs- und Verbindungssysteme: Eine wichtige Sicherheitsmaßnahme bei der Hausverkabelung..............77
Die Bedeutung einer ordnungsgemäßen Erdung..........78
So installieren Sie ein Erdungssystem........................79
Testen des Erdungssystems 81

Verwaltung elektrischer Lasten und Stromkreise: Effiziente Energieverteilung 83
Effiziente Lastverteilung über Stromkreise..................84
Hinzufügen neuer Schaltkreise für moderne Geräte und Technologien 86

KAPITEL 4: VERKABELUNGSMETHODEN FÜR MODERNE HÄUSER 91

In modernen Häusern verwendete Verkabelungsarten 91
Nichtmetallisches (NM) ummanteltes Kabel (Romex) ..92
Gepanzertes Kabel (AC)..93
Leitungsverdrahtung 94
Auswahl der richtigen Verkabelung für unterschiedliche Anwendungen..95

Elektrische Leitungen in Neubauten installieren: Schritt-für-Schritt-Anleitung 96

Neuverkabelung bestehender Häuser............................101
Herausforderungen bei der Neuverkabelung älterer Häuser 102
Sichere Entfernung veralteter Verkabelung 103

Verdrahtung für spezielle Schaltkreise 106
Grundlegendes zu Geräten mit hoher Belastung 107

KAPITEL 5: INSTALLATION VON SCHALTERN, STECKDOSEN UND LEUCHTEN 115

Schaltertypen und ihre Funktionen 115
    Einpoliger Schalter 116
    Dreiwegeschalter 116
    Dimmerschalter 117
    Schritt-für-Schritt-Anleitung zur Installation von Switches 118

Installation von Steckdosen 123
    Standardsteckdosen (120 V) 124
    GFCI-Steckdosen (Fehlerstrom-Schutzschalter) 124
    USB-Anschlüsse 125
    Schrittweise Installation von Steckdosen 126

Installieren von Steckdosen in bestimmten Bereichen 130
    Küchen: 130
    Badezimmer: 130
    Wohnräume: 130

Installieren und Ersetzen von Leuchten 131
    Deckenleuchten 132
    Einbauleuchten 133
    LED-Leuchten 133
    Verkabelung von Leuchten mit Wandschaltern 134

Besondere Überlegungen für Räume 138

KAPITEL 6: UMGESTALTUNG UND MODERNISIERUNG IHRES ELEKTRISCHEN SYSTEMS 141

Bewerten, wann Sie Ihr elektrisches System aufrüsten sollten 141
    Anzeichen für veraltete oder überlastete Verkabelungssysteme erkennen 142
    Wenn ein Upgrade für Sicherheit und Effizienz notwendig ist 144

Hinzufügen neuer Schaltkreise für moderne Technologien *147*
   Smart-Home-Systeme *148*
   Ladestationen für Elektrofahrzeuge *149*
   Installieren dedizierter Schaltkreise für Heimbüros und Entertainment-Center *150*

Integration energieeffizienter Lösungen *152*
   LED-Beleuchtung: Eine helle Wahl für Effizienz *153*
   Solarstromanlagen: Nutzung der Sonnenenergie *154*
   Energieeffiziente Geräte: Verkabelung für geringeren Verbrauch *155*
   Verkabelungsüberlegungen für die Integration erneuerbarer Energien *157*

KAPITEL 7: VERKABELUNG FÜR SMART HOME AUTOMATION **161**

Die Grundlagen der Smart-Home-Verkabelung *161*
   Übersicht über Smart Home-Technologien *162*

Verkabelung für intelligente Thermostate und HLK-Systeme *163*
   Schritt-für-Schritt-Anleitung zur Installation intelligenter Thermostate *163*
   Anschließen intelligenter Thermostate an vorhandene HLK-Systeme *165*

Verkabelung für Heimsicherheitssysteme *166*
   Kabelgebundene vs. kabellose Systeme *166*
   Installation von Kameras, Türklingeln und Sensoren *167*

Heimautomatisierung für Beleuchtung und Geräte *169*
   Verkabelung für intelligente Lichtsteuerungen und intelligente Stecker *169*
   Machen Sie die Verkabelung Ihres Smart Home zukunftssicher *170*

KAPITEL 8: ELEKTRISCHE SICHERHEIT UND WARTUNG 173

Checkliste für die regelmäßige elektrische Wartung *173*
   Was regelmäßig überprüft werden muss: Schalttafeln, Leistungsschalter, Steckdosen und Schalter *174*

    Testen Sie Ihr elektrisches System auf Sicherheit 175

  Vorbeugende Wartung 177
    So vermeiden Sie elektrische Brände und Unfälle 177
    Überspannungsschutz, GFCI und AFCI-Wartung.........178

  Fehlerbehebung bei häufigen elektrischen Problemen....179
    Diagnose von Problemen wie ausgelösten Sicherungen, flackernden Lichtern und toten Steckdosen 179
    Einfache Reparaturen in Eigenregie und wann Sie einen Elektriker rufen sollten 181
    Rufen Sie jedoch bei folgenden Problemen einen Elektriker an:...182

KAPITEL 9: GENEHMIGUNGEN, INSPEKTIONEN UND EINHALTUNG VON VORSCHRIFTEN 185

  Den Genehmigungsprozess meistern 186
    Schritte zur Beantragung von Genehmigungen für Elektroprojekte 186

  Vorbereitung auf elektrische Inspektionen......................188
    So stellen Sie sicher, dass Ihre Arbeit die Codeprüfungen besteht 189
    Häufige Fehler, die Sie vermeiden sollten...................190

  Einhaltung lokaler und nationaler Elektrovorschriften .192
    Sicherstellung der Einhaltung des NEC und lokaler Vorschriften 192

ANHÄNGE..195

  Glossar der elektrischen Begriffe 195

EINFÜHRUNG

Elektrizität ist die unsichtbare Kraft, die unser tägliches Leben antreibt, Häuser erleuchtet, Geräte mit Strom versorgt und dafür sorgt, dass unsere Welt reibungslos läuft. Trotz ihrer Allgegenwart finden viele Menschen die Vorstellung, mit Elektrizität zu arbeiten, einschüchternd. Egal, ob Sie Hausbesitzer, Heimwerker oder Profi sind, der

Gedanke, die elektrische Anlage Ihres Hauses zu verkabeln oder umzubauen, kann überwältigend erscheinen. Hier kommt dieses Handbuch ins Spiel: KOMPLETTE ELEKTRISCHE VERKABELUNG UND UMGESTALTUNG IM HAUS: VERKABELUNG FÜR MODERNE HÄUSER MIT PRAKTISCHER SCHRITT-FÜR-SCHRITT-ANLEITUNG. Dieses Handbuch soll das Mysterium und die Angst rund um Elektroarbeiten beseitigen und Ihnen das Wissen, die Werkzeuge und das Selbstvertrauen vermitteln, die Sie benötigen, um Ihre Verkabelungsprojekte sicher und effizient durchzuführen.

Die Geschichte der Elektrizität und der elektrischen Hausverkabelung

Bevor wir uns mit den Details der modernen Hausverkabelung befassen, ist es hilfreich zu verstehen, wie weit wir in der Entwicklung der Elektrizität gekommen sind. Die Geschichte der Elektrizität beginnt bereits 600 v. Chr., als die alten Griechen das Phänomen der statischen Elektrizität beobachteten. Allerdings wurde Elektrizität erst im 18. Jahrhundert wissenschaftlich untersucht. Pioniere wie Benjamin Franklin, Thomas Edison und Nikola Tesla legten den Grundstein für unser modernes Verständnis von Elektrizität und ihrer praktischen Anwendung.

Zu Beginn des 20. Jahrhunderts wurden die Häuser erstmals mit Strom versorgt, was unsere Lebensweise revolutionierte. Im Laufe der Zeit haben sich die Verkabelungsstandards weiterentwickelt, um dem steigenden Strombedarf in Haushalten gerecht zu werden, der durch die zunehmende Verbreitung von Haushaltsgeräten, Heizsystemen, Beleuchtung und jetzt auch intelligenten Geräten angetrieben wurde. Die heutigen Häuser benötigen ausgefeiltere elektrische Systeme, um moderne Technologie, Energieeffizienz und Sicherheitsmaßnahmen zu unterstützen.

Dieses Handbuch führt Sie durch die Verkabelungsprozesse für moderne Häuser und stellt sicher, dass Ihre Elektroprojekte den heutigen Standards entsprechen und die neuesten Technologien integrieren.

Zweck des Handbuchs

Der Zweck dieses Handbuchs ist einfach: Es soll eine umfassende Schritt-für-Schritt-Anleitung für die elektrische Verkabelung und Renovierung von Häusern bieten, wobei der Schwerpunkt auf modernen Häusern und intelligenter Technologie liegt. Egal, ob Sie die Verkabelung eines bestehenden Hauses neu verkabeln oder elektrische Systeme in einem Neubau installieren, dieses Buch vermittelt Ihnen das praktische Wissen, das Sie für die Bewältigung einer Vielzahl von elektrischen Aufgaben benötigen. Vom Verständnis grundlegender elektrischer Konzepte bis hin zum Erlernen der Installation von Steckdosen, Schaltern und Beleuchtung erhalten Sie alles, was Sie brauchen, um Ihr Projekt sicher und effizient abzuschließen.

Dieses Buch bringt Ihnen nicht nur bei, wie Sie Ihr Haus verkabeln, sondern stellt auch sicher, dass Sie die erforderlichen Sicherheitsprotokolle befolgen, die örtlichen Elektrovorschriften einhalten und die grundlegende Mathematik hinter elektrischen Systemen verstehen. Sie lernen die Grundlagen von Schaltkreisen und Erdung kennen und erfahren, wie Sie elektrische Lasten berechnen, um sicherzustellen, dass Ihre Verkabelung den Anforderungen des modernen Lebens entspricht.

Warum es wichtig ist, die Hausverkabelung zu verstehen

Die Hausverkabelung ist nicht nur für die Funktionalität Ihres Hauses entscheidend, sondern auch für die Sicherheit. Elektrische Brände und Unfälle sind oft auf schlechte Verkabelungspraktiken zurückzuführen. Wenn Sie also wissen, wie man ein Haus richtig verkabelt, können Sie solche Gefahren vermeiden. Egal, ob Sie neue Geräte hinzufügen, Ihr Beleuchtungssystem aufrüsten oder intelligente Geräte in Ihr Zuhause integrieren: Wissen, wie Sie Ihr elektrisches System verwalten, ist für die Aufrechterhaltung einer sicheren und effizienten Wohnumgebung unerlässlich.

Für Hausbesitzer kann das Wissen über die Grundlagen der Elektroinstallation Zeit und Geld sparen. Anstatt sich bei kleineren Modernisierungs- oder Reparaturarbeiten ausschließlich auf Elektriker zu verlassen, können Sie Ihre

Heimwerkerprojekte selbst in die Hand nehmen. Heimwerkern bietet die Beherrschung der Elektroinstallation ein neues Maß an Unabhängigkeit und Stolz, während Profis ihr Fachwissen erweitern und anspruchsvollere Projekte in Angriff nehmen können.

Was Sie lernen werden: Praktische und technische Fähigkeiten

Dieses Handbuch bietet einen praktischen Ansatz für die elektrische Verkabelung und Umgestaltung mit leicht verständlichen Anweisungen und Diagrammen für jede Phase Ihres Projekts. Sie erfahren:

- ❖ **Grundlegende Konzepte der Elektrotechnik:** Verstehen von Spannung, Strom, Widerstand und deren Zusammenspiel in der Hausverkabelung.
- ❖ **Beispiel** : Spannung (V) = Strom (I) × Widerstand (R) ist eine einfache Gleichung (Ohmsches Gesetz), die Ihnen bei Ihren Projekten immer wieder begegnet.
- ❖ **Schalttafeln und Leistungsschalter:** So installieren und rüsten Sie die Hauptschalttafel

Ihres Hauses auf, um sie an moderne Lasten anzupassen.

- **Verkabelung für moderne Geräte und intelligente Technologie:** So verkabeln Sie Ihr Zuhause, um energieeffiziente Geräte, intelligente Thermostate und Hausautomationssysteme zu unterstützen.
- **Schalter, Steckdosen und Beleuchtungskörper:** Erfahren Sie, wie Sie Lichtschalter, Steckdosen und Beleuchtungssysteme sicher installieren oder aufrüsten.
- **Sicherheit und Wartung der Verkabelung:** Praktische Tipps, um sicherzustellen, dass die elektrische Anlage Ihres Hauses sicher, effizient und den Vorschriften entspricht.
- **Mathematische Berechnungen:** Grundlegende Berechnungen, wie z. B. die Berechnung der elektrischen Last (Watt), also Leistung (P) = Spannung (V) × Strom (I).

Im gesamten Handbuch werden technische Anweisungen durch Beispiele aus der Praxis und Diagramme ergänzt, sodass komplexe Konzepte leicht verständlich sind. Sie finden auch Tipps zur

Fehlerbehebung bei häufig auftretenden elektrischen Problemen, sodass Sie auftretende Probleme sofort lösen können.

Was diesen Leitfaden auszeichnet, ist sein Fokus auf moderne Häuser und die Zukunftssicherheit Ihrer Verkabelung. Mit der Weiterentwicklung der Technologie werden Häuser immer vernetzter und benötigen elektrische Systeme, die neue Geräte, Smart-Home-Geräte und erneuerbare Energiequellen wie Sonnenkollektoren unterstützen. Dieser Leitfaden behandelt nicht nur die Grundlagen, sondern bereitet Sie auch auf die Zukunft vor und bietet Einblicke in die Integration moderner Technologie in Ihr Hausverkabelungssystem.

Darüber hinaus legt dieses Buch Wert auf Sicherheit und die Einhaltung von Vorschriften bei jedem Projekt und stellt sicher, dass Ihre Elektroarbeiten den örtlichen Vorschriften und Normen entsprechen. Dies ist besonders wichtig, um Unfälle zu vermeiden und die langfristige Sicherheit Ihres Zuhauses zu gewährleisten.

Egal, ob Sie zum ersten Mal ein Haus besitzen, ein erfahrener Heimwerker oder ein professioneller Bauunternehmer sind: Wenn Sie die Kunst der Hausverkabelung beherrschen, können Sie Ihre Fähigkeiten erheblich verbessern und neue Möglichkeiten für Heimwerkerarbeiten eröffnen. Warten Sie nicht, bis Sie bei Ihrem nächsten Renovierungsprojekt einen Elektriker suchen müssen. Übernehmen Sie noch heute die Kontrolle über die elektrische Anlage Ihres Hauses, indem Sie dieser Anleitung zur sicheren, effizienten und professionellen Elektroverkabelung folgen.

Wenn Sie mit der Lektüre fertig sind, verfügen Sie über das Wissen und die Sicherheit, eine Vielzahl von Elektroprojekten in Ihrem Zuhause durchzuführen und sicherzustellen, dass Ihre Verkabelung nicht nur funktional, sondern auch für die kommenden Jahre zukunftssicher ist. Mit diesem Leitfaden in der Hand sind Sie bereit, Ihr Zuhause in einen modernen, technisch versierten und sicheren Ort zu verwandeln.

KAPITEL 1: STROM VERSTEHEN

Die Grundlagen der Elektrizität verstehen

Elektrizität versorgt fast alles in unserer modernen Welt mit Energie, von der Beleuchtung in unseren Häusern bis hin zu den Geräten, auf die wir uns täglich verlassen. Aber was genau ist Elektrizität und wie funktioniert sie? Egal, ob Sie Ihr Haus umbauen oder einfach nur verstehen möchten, wie elektrische Systeme funktionieren, es ist wichtig, die Grundprinzipien der Elektrizität zu verstehen. Sobald Sie die Grundlagen verstanden haben, fühlen Sie sich bei der Durchführung von Elektroprojekten sicherer und kompetenter.

Grundlagen der Elektrizität

Elektrizität ist im Grunde die Bewegung elektrischer Ladungen, normalerweise Elektronen, durch einen Leiter wie einen Draht. Diese Ladungen erzeugen einen sogenannten elektrischen Strom, den wir nutzen können, um Geräte und Systeme mit Strom zu versorgen. Um diese Bewegung und ihr

Verhalten in Schaltkreisen zu verstehen, müssen Sie einige wichtige Konzepte kennen:

1. **Spannung (V):** Spannung ist die elektrische Potenzialdifferenz zwischen zwei Punkten in einem Stromkreis. Man kann sie sich als die Kraft oder den Druck vorstellen, der den elektrischen Strom durch den Leiter drückt. Je höher die Spannung, desto stärker der Druck.
    > Ausdruck: Die Spannung wird in Volt (V) gemessen. Sie wird oft durch die Formel dargestellt:

$$V = ich \times R.$$

Wo:

- ❖ V = Spannung
- ❖ I = Strom (in Ampere)
- ❖ R = Widerstand (in Ohm)

2. **Strom (I):** Strom ist der Fluss elektrischer Ladung durch einen Leiter, ähnlich dem Fluss von Wasser durch ein Rohr. Es handelt sich um die tatsächliche Bewegung von Elektronen, die durch Spannung angetrieben werden.

- Ausdruck: Strom wird in Ampere (A) gemessen und wie folgt ausgedrückt:

$$I = \frac{V}{R}$$

Das bedeutet, dass der Strom direkt proportional zur Spannung und umgekehrt proportional zum Widerstand ist.

3. **Widerstand (R):** Widerstand ist der Widerstand gegen den Stromfluss in einem Stromkreis. Alle Materialien widerstehen dem Elektronenfluss bis zu einem gewissen Grad, und der Widerstand begrenzt die Stromstärke. Ein höherer Widerstand führt bei einer bestimmten Spannung zu einem geringeren Stromfluss.
   - Ausdruck: Der Widerstand wird in Ohm (Ω) gemessen. Nach dem Ohmschen Gesetz gilt:

$$R = \frac{V}{I}$$

Das bedeutet, dass der Widerstand gleich der Spannung geteilt durch den Strom ist.

4. Ohmsches Gesetz: Das Ohmsche Gesetz ist die grundlegende Gleichung, die Spannung, Strom und Widerstand in einem Stromkreis miteinander verknüpft. Es wird wie folgt ausgedrückt:

$$V = I \times R.$$

Diese Formel besagt, dass die Spannung gleich dem Strom multipliziert mit dem Widerstand ist. Wenn Sie zwei der drei Variablen kennen, können Sie immer noch die dritte berechnen.

Beispiel: Wenn Sie eine 12-Volt-Batterie und einen Widerstand von 6 Ohm in einem Stromkreis haben, können Sie den Strom wie folgt berechnen:

$$I = \frac{V}{R} = \frac{12V}{6\Omega} = 2A$$

Das bedeutet, dass ein Strom von 2 Ampere durch den Stromkreis fließt.

Wechselstrom vs. Gleichstrom und ihre Verwendung im Haushalt

Elektrizität kann in zwei verschiedenen Formen fließen: Wechselstrom (AC) und Gleichstrom (DC). Es ist wichtig, die Unterschiede zwischen ihnen zu verstehen, da jeder von ihnen in unseren Häusern und Geräten unterschiedliche Anwendungen hat.

1. **Wechselstrom (AC):** Bei Wechselstrom wechselt die Stromrichtung periodisch hin und her. Die Spannung in Wechselstromkreisen wechselt ebenfalls in einer Sinuswelle von positiv nach negativ. In den meisten Haushalten wird der Strom vom Energieversorger mit Wechselstrom versorgt. Dies liegt daran, dass Wechselstrom für die Stromübertragung über lange Distanzen effizienter ist.

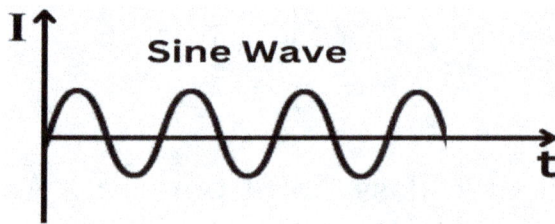

> Ausdruck: In Wechselstromkreisen wird die Spannung häufig als quadratischer Mittelwert

(RMS) angegeben. Dies ist eine Möglichkeit, eine effektive Spannung oder einen effektiven Strom zu berechnen. Für eine Sinuswelle:

$$V_{RMS} = \frac{V_{peak}}{\sqrt{2}}$$

Wo V_{RMS} ist die Spitzenspannung.

Beispiel: Wenn die Spitzenspannung einer Wechselstromversorgung 170 V beträgt, beträgt die Effektivspannung (die normalerweise für Haushaltsstrom angegeben wird):

$$V_{RMS} = \frac{170V}{\sqrt{2}} = 120V$$

Aus diesem Grund sind Haushaltssteckdosen in den USA auf 120 V Wechselstrom ausgelegt.

Verwendung im Haushalt: Wechselstrom wird zur Stromversorgung fast aller großen Haushaltsgeräte verwendet, darunter Lampen, Kühlschränke, Klimaanlagen und Steckdosen. Es ist die Standardform von Elektrizität, die das Netz mit Strom versorgt.

2. **Gleichstrom (DC):** Bei Gleichstrom fließt der Strom nur in eine Richtung und die Spannung bleibt über die Zeit konstant. Gleichstrom wird in vielen kleineren Geräten verwendet, darunter die meisten elektronischen Geräte wie Smartphones, Laptops und andere batteriebetriebene Geräte.

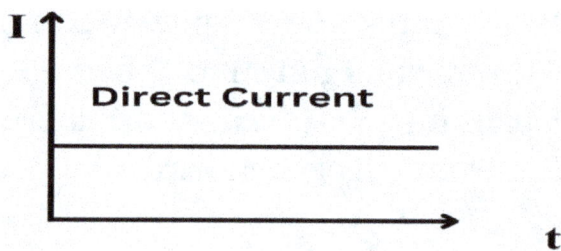

Verwendung im Haushalt: Gleichstrom findet man häufig in Geräten, die Batterien verwenden oder Wechselstrom mithilfe von Adaptern oder Netzteilen in Gleichstrom umwandeln. Beispielsweise wandelt Ihr Telefonladegerät Wechselstrom aus der Steckdose in Gleichstrom um, um den Akku aufzuladen.

Praxisbeispiel: Wechsel- und Gleichstrom im Einsatz

In vielen Haushalten wird beim Laden eines Geräts der Wechselstrom aus der Hauptstromversorgung in Gleichstrom umgewandelt. Wenn Sie beispielsweise Ihr Telefon an das Ladegerät anschließen, ist der Strom, der aus der Steckdose fließt, Wechselstrom. Das Ladegerät enthält jedoch einen Konverter, der den Wechselstrom in Gleichstrom umwandelt, sodass er sicher im Akku Ihres Telefons gespeichert werden kann.

Der Grund, warum Wechselstrom zur Stromverteilung verwendet wird, ist, dass er für die Übertragung über große Entfernungen effizienter ist. Gleichstrom wird für Geräte bevorzugt, da er einen konstanten Strom liefert, ideal für empfindliche Elektronik.

Elektrische Energie verstehen

Ein weiterer wichtiger Begriff in der Elektrizität ist die Leistung. Sie bezeichnet die Geschwindigkeit, mit der elektrische Energie durch einen Stromkreis übertragen wird. Sie wird in Watt (W) gemessen und mit der folgenden Gleichung berechnet:

$$P = V \times I$$

Wo:

- ❖ P = Leistung (in Watt)
- ❖ V = Spannung (in Volt)
- ❖ I = Strom (in Ampere)

Beispiel: Wenn eine Glühbirne mit 120 V betrieben wird und einen Strom von 0,5 A zieht, kann der Stromverbrauch der Glühbirne wie folgt berechnet werden:

$$P = 120\ V \times 0{,}5\ A = 60\ W$$

Dies bedeutet, dass die Glühbirne einen Strom von 60 Watt verbraucht.

Das Verständnis der Grundlagen der Elektrizität ist für jeden, der mit elektrischen Systemen arbeitet, unerlässlich, egal ob Sie eine neue Leuchte installieren oder ein ganzes Haus umbauen. Konzepte wie Spannung, Strom, Widerstand und der Unterschied zwischen Wechsel- und Gleichstrom sind die Grundlage jedes elektrischen Projekts. Mit diesem Wissen können Sie Verkabelungsprojekte im Haus selbstbewusst angehen und sicherstellen, dass Ihre Arbeit sicher, effizient und nach modernen Standards erfolgt.

Wenn Sie lernen, wie Elektrizität funktioniert, sparen Sie nicht nur Geld bei Heimwerkerarbeiten, sondern machen Ihr Zuhause auch sicherer und funktionaler für ein modernes Leben. Mit diesem Handbuch sind Sie auf dem besten Weg, die elektrischen Systeme zu beherrschen, die für einen reibungslosen Betrieb Ihres Hauses sorgen.

Sicherheit geht vor: Elektrische Gefahren und Vorsichtsmaßnahmen

Bei der Arbeit mit Elektrizität sollte die Sicherheit immer an erster Stelle stehen. Elektroprojekte können äußerst lohnend sein, aber sie können auch gefährlich sein, wenn nicht die richtigen Vorsichtsmaßnahmen getroffen werden. Wenn Sie die üblichen Gefahren, die wesentlichen Sicherheitsmaßnahmen und die für die Sicherheit erforderlichen Werkzeuge kennen, können Sie Verletzungen und Schäden beim Umgang mit elektrischen Leitungen oder Installationen vermeiden. Dieses Kapitel bietet eine klare und einfache Anleitung zur Sicherheit bei der Arbeit mit elektrischen Systemen.

Häufige elektrische Gefahren

Bei unsachgemäßem Umgang mit Elektrizität kann es zu schwerwiegenden Folgen kommen. Zu den häufigsten Gefahren, die Sie kennen sollten, gehören:

1. **Stromschlag:** Eine der größten Gefahren bei der Arbeit mit Elektrizität ist das Risiko eines Stromschlags, der auftritt, wenn eine Person in direkten Kontakt mit einem stromführenden Kabel kommt. Selbst ein leichter Schock kann Schmerzen verursachen, aber schwerere Schocks können zu Verbrennungen, Nervenschäden oder sogar zum Tod führen.
2. **Elektrische Brände:** Fehlerhafte Verkabelung oder unsachgemäße Installation können zu Überhitzung führen, was wiederum zu elektrischen Bränden führen kann. Dies kann passieren, wenn Stromkreise überlastet sind, Drähte ausgefranst oder freiliegen oder Verbindungen locker sind. Elektrische Brände sind besonders gefährlich, da sie sich schnell ausbreiten und schwer zu löschen sind.

3. **Lichtbogen:** Ein Lichtbogen entsteht, wenn Elektrizität durch die Luft von einem Leiter zum anderen springt. Dies kann zu extrem hohen Temperaturen führen und schwere Verbrennungen, Geräteschäden und Explosionen verursachen.
4. **Verbrennungen und Hitze:** Neben Bränden und Stromschlägen kann Elektrizität auch große Hitze erzeugen. Dies kann zu Verbrennungen führen, entweder durch Kontakt mit heißen Oberflächen oder durch Funken, die beim Verkabeln entstehen.
5. **Stolperfallen:** Elektrische Kabel, Drähte und Werkzeuge können auf Baustellen oder zu Hause Stolperfallen darstellen und zu Stürzen oder anderen Verletzungen führen.

Grundlegende Sicherheitsmaßnahmen
Um sich vor diesen Gefahren zu schützen, ist es wichtig, die folgenden grundlegenden Sicherheitsmaßnahmen einzuhalten:

1. **Persönliche Schutzausrüstung (PSA):** Tragen Sie bei der Arbeit mit Elektrizität immer geeignete Schutzausrüstung. Dazu können gehören:

- Isolierte Handschuhe, um den direkten Kontakt mit stromführenden Leitungen zu vermeiden.
- Schutzbrille zum Schutz Ihrer Augen vor Funken oder Splittern.
- Nichtleitende Schuhe, um eine Erdung bei der Arbeit an elektrischen Systemen zu vermeiden.
- Flammhemmende Kleidung zur Reduzierung der Verbrennungsgefahr im Falle eines elektrischen Feuers oder Lichtbogens.

2. **Abschaltprotokolle:** Stellen Sie vor Arbeiten an elektrischen Anlagen immer sicher, dass der Strom vollständig abgeschaltet ist. Verwenden Sie diese Schritte, um Risiken zu minimieren:
   - **Schalten Sie den Leistungsschalter aus:** Suchen Sie den Leistungsschalter für den Bereich oder das System, an dem Sie arbeiten, und schalten Sie ihn aus. Dadurch wird die Stromversorgung des gesamten Stromkreises unterbrochen und die Gefahr eines versehentlichen Stromschlags verringert.
   - **Testen Sie den Stromkreis:** Bevor Sie mit der Arbeit beginnen, stellen Sie mit einem Spannungsprüfer sicher, dass in den zu bearbeitenden Leitungen kein Strom fließt.

Auch wenn Sie den Leistungsschalter ausgeschaltet haben, ist eine doppelte Überprüfung unerlässlich.
- ➢ **Lockout/Tagout (LOTO):** Bei größeren Projekten oder Arbeitsplätzen sind Lockout/Tagout-Verfahren unerlässlich. Dabei wird der Leistungsschalter mit einem physischen Schloss und einem Warnschild versehen, um zu verhindern, dass andere den Strom während Ihrer Arbeit versehentlich wieder einschalten.

3. **Verwenden Sie FI-Schutzschalter:** Fehlerstromschutzschalter (FI-Schutzschalter) sind eine Sicherheitsfunktion, die den Strom abschaltet, wenn ein elektrischer Fehler wie ein Kurzschluss oder Feuchtigkeit in der Nähe der Verkabelung erkannt wird. Sie sind besonders wichtig in Bereichen wie Küchen, Badezimmern oder Außenbereichen, in denen Wasser vorhanden sein kann.

Werkzeuge, die Sie aus Sicherheitsgründen immer zur Hand haben sollten

Für sichere Elektroarbeiten ist es wichtig, die richtigen Werkzeuge zur Hand zu haben. Diese Werkzeuge können Ihnen helfen, Gefahren zu erkennen und Unfälle zu vermeiden:

1. **Spannungsprüfer:** Dieses Werkzeug ist für jeden, der mit Elektrizität arbeitet, unverzichtbar. Damit können Sie prüfen, ob ein Kabel oder ein Stromkreis unter Spannung steht, bevor Sie ihn berühren. Verwenden Sie immer einen Spannungsprüfer, um sicherzustellen, dass der Strom abgeschaltet ist, bevor Sie mit der Arbeit beginnen.
2. **Isolierte Werkzeuge:** Verwenden Sie Schraubendreher, Zangen und Abisolierzangen, die mit Gummi isoliert sind, um sich vor Stromschlägen zu schützen. Diese Werkzeuge sind für den Umgang mit Hochspannungssituationen konzipiert, ohne dass Strom durch die Griffe geleitet wird.
3. **Leistungsschalterfinder:** Mit diesem Tool können Sie schnell ermitteln, welcher Leistungsschalter eine bestimmte Steckdose oder Vorrichtung steuert. Das spart Zeit und verringert das Risiko bei der Arbeit mit stromführenden Stromkreisen.

4. **Feuerlöscher:** Halten Sie bei Arbeiten an elektrischen Leitungen oder Systemen einen Feuerlöscher der Klasse C bereit. Im Brandfall kann ein Feuerlöscher der Klasse C elektrische Brände sicher löschen, ohne dass die Gefahr eines Stromschlags besteht.
5. **Isolierband:** Isolierband ist nützlich, um freiliegende Drähte zu isolieren und versehentlichen Kontakt mit stromführenden Schaltkreisen zu verhindern. Es ist ein einfaches, aber unverzichtbares Werkzeug, um Verbindungen sicher und zuverlässig zu halten.
6. **Erste-Hilfe-Kasten:** Bei kleineren Verletzungen wie Schnittwunden oder Verbrennungen sollte immer ein gut ausgestatteter Erste-Hilfe-Kasten zur Hand sein. Es empfiehlt sich auch, grundlegende Erste-Hilfe-Maßnahmen zu kennen, insbesondere bei Verbrennungen oder Stromschlägen.

Sicherheit hat bei der Arbeit mit Elektrizität oberste Priorität. Wenn Sie die üblichen elektrischen Gefahren kennen, die richtige Schutzausrüstung verwenden und die richtigen Werkzeuge zur Hand haben, können Sie das Unfallrisiko erheblich senken. Wenn Sie Abschaltprotokolle befolgen,

Spannungsprüfer verwenden und Sicherheitsausrüstung in der Nähe haben, können Sie Elektroprojekte selbstbewusst und sicher angehen. Denken Sie immer daran: Es ist besser, zusätzliche Vorsichtsmaßnahmen zu treffen, als beim Umgang mit Elektrizität Verletzungen zu riskieren.

KAPITEL 2: PLANUNG IHRES HAUSVERKABELUNGSPROJEKTS

Ermittlung des Strombedarfs moderner Häuser

Wenn es um die Verkabelung eines modernen Hauses geht, ist es wichtig, den Strombedarf genau zu ermitteln. Dazu gehört die Berechnung des Strombedarfs für Geräte und Systeme, das Verständnis der Lastverteilung und die Bewertung der vorhandenen elektrischen Anlage. Eine ordnungsgemäße Bewertung stellt sicher, dass das elektrische System sicher und effizient ist und den Anforderungen der heutigen technologieorientierten Haushalte gerecht wird.

In diesem Abschnitt führen wir Sie durch die Berechnung des Strombedarfs und die Bewertung des elektrischen Systems in einem bestehenden Haus und liefern bei Bedarf einfache mathematische Ausdrücke und Beispiele.

Berechnung des Strombedarfs: Informationen zu Last, Schaltkreisen und Geräten

In einem modernen Haus gibt es in der Regel eine Vielzahl von Haushaltsgeräten, Beleuchtungskörpern, Heiz- und Kühlsystemen sowie Unterhaltungsgeräten. All diese Geräte benötigen Strom, und das elektrische System muss so ausgelegt sein, dass es diesen sicher und effizient bereitstellen kann.

a. Leistung (Watt), Spannung (Volt) und Strom (Ampere)

Der Stromverbrauch eines Geräts wird in Watt (W) gemessen und ist ein entscheidender Faktor bei der Berechnung der gesamten elektrischen Last. Die grundlegende Beziehung zwischen Leistung, Spannung und Strom wird durch das Ohmsche Gesetz und die Formel angegeben:

$$P = V \times I$$

Wo:

❖ P = Leistung in Watt (W)

- ❖ V = Spannung in Volt (V)
- ❖ I = Strom in Ampere (A)

Wenn ein Gerät beispielsweise mit 120 Volt betrieben wird und 10 Ampere verbraucht, beträgt der Stromverbrauch:

$$P = 120\ V \times 10\ A = 1200\ W$$

Das bedeutet, dass das Gerät eine Leistungsaufnahme von 1200 Watt hat.

b. Berechnung der Gesamtlast

Um die Gesamtlast eines Haushalts zu ermitteln, müssen Sie die Wattzahl aller wichtigen Geräte und Systeme addieren. Betrachten Sie beispielsweise die folgenden Geräte in einer typischen Küche:

- ➢ Kühlschrank: 600 W
- ➢ Mikrowelle: 1200 W
- ➢ Geschirrspüler: 1500 W
- ➢ Toaster: 800 W

Die Gesamtbelastung dieser Küchengeräte würde betragen:

600 W + 1200 W + 1500 W + 800 W = 4100 W

Diese Berechnung ist wichtig, da sie dazu beiträgt, sicherzustellen, dass Stromkreise nicht überlastet werden. Jeder Stromkreis in einem Haus ist normalerweise für eine bestimmte Strommenge ausgelegt, die in Ampere gemessen wird. Die maximale Belastung, die ein Stromkreis bewältigen kann, wird durch die Nennleistung des Leistungsschalters bestimmt (normalerweise 15 oder 20 Ampere für die meisten Haushaltsstromkreise). Mithilfe des Ohmschen Gesetzes können wir die maximale Belastung für einen 120-V-Stromkreis mit 15 Ampere berechnen:

$$P = V \times I = 120 \text{ V} \times 15 \text{ A} = 1800 \text{ W}$$

Somit kann ein einzelner 15-Ampere-Schaltkreis sicher bis zu 1800 Watt Leistung liefern. Wenn Ihre Last diesen Wert überschreitet, sind zusätzliche

Schaltkreise erforderlich, um eine Überlastung zu vermeiden.

c. Dedizierte Schaltkreise verstehen

Einige Hochleistungsgeräte wie Öfen, Waschmaschinen und HLK-Systeme benötigen eigene Stromkreise, da sie mehr Strom verbrauchen, als ein Standardstromkreis verarbeiten kann. Ein Elektroherd benötigt beispielsweise einen Stromkreis mit 240 V und 30 A, der bis zu Folgendes liefert:

$$P = 240\,V \times 30\,A = 7200\,W$$

Es ist wichtig, diese dedizierten Schaltkreise bei der Entwicklung oder Bewertung eines elektrischen Systems zu berücksichtigen, um den sicheren Betrieb wichtiger Geräte zu gewährleisten.

Bewertung des elektrischen Systems in einem bestehenden Haus

Nachdem der Strombedarf berechnet wurde, besteht der nächste Schritt darin, das aktuelle elektrische System in einem bestehenden Haus zu bewerten. Dazu gehört die Bewertung des Hauptverteilers, der Verkabelung, der Steckdosen und des Gesamtzustands des Systems, um sicherzustellen, dass es die elektrische Last tragen kann.

a. **Bewertung des Hauptdienstleistungspanels**

Der Hauptverteiler ist der zentrale Knotenpunkt des elektrischen Systems eines Hauses. Er verteilt den Strom vom Versorgungsunternehmen an die verschiedenen Stromkreise im Haus. Die Kapazität des Hauptverteilers wird in Ampere gemessen, wobei moderne Häuser normalerweise eine Versorgung von 100-200 Ampere benötigen.

Um zu beurteilen, ob das Panel den Strombedarf des Hauses decken kann, müssen Sie:

> **Überprüfen Sie die Nennleistung des Panels:** Diese ist normalerweise auf dem Hauptschalter angegeben. Beispielsweise kann ein 100-Ampere-Panel bis zu 100 Ampere Strom an das Haus liefern. Wenn die gesamte berechnete Last diesen Wert überschreitet, muss das Panel möglicherweise aufgerüstet werden.
> **Prüfen Sie den verfügbaren Platz:** Stellen Sie sicher, dass genügend Leistungsschalter vorhanden sind und Platz für Erweiterungen besteht, falls zusätzliche Stromkreise erforderlich sind.

b. Überprüfen des Verdrahtungszustands

Ältere Häuser verfügen möglicherweise über veraltete Verkabelungssysteme, wie z. B. Dreh- und Rohrverkabelung oder Aluminiumverkabelung, die den modernen elektrischen Anforderungen möglicherweise nicht mehr genügen. Achten Sie unbedingt auf Folgendes:

> **Verdrahtungskapazität:** Stellen Sie sicher, dass die Stärke (Dicke) der Drähte für den von ihnen geleiteten Strom geeignet ist. Beispielsweise ist ein Draht der Stärke 14 für 15-Ampere-Stromkreise ausgelegt, während ein

Draht der Stärke 12 für 20-Ampere-Stromkreise ausgelegt ist.
- **Anzeichen von Verschleiß:** Ausgefranste oder beschädigte Kabel sollten ausgetauscht werden, um elektrische Gefahren wie Kurzschlüsse oder Brände zu vermeiden.

c. Bewertung von Steckdosen und Erdung

Neben der Überprüfung des Schaltkastens und der Verkabelung ist es wichtig, die Steckdosen und das Erdungssystem zu prüfen:

- **Geerdete Steckdosen:** Moderne Häuser sollten geerdete (dreipolige) Steckdosen haben, insbesondere in Bereichen wie Küchen und Badezimmern, in denen Feuchtigkeit vorhanden sein kann. Nicht geerdete Steckdosen sollten ersetzt werden, da sie eine Stromschlaggefahr darstellen.
- **GFCI- und AFCI-Schutz:** Steckdosen mit Fehlerstromschutzschalter (GFCI) sind in Bereichen erforderlich, in denen Wasser vorhanden ist, wie Küchen, Badezimmer und Außenbereiche. Lichtbogenschutzschalter (AFCI) schützen vor elektrischen Bränden und sind mittlerweile in vielen Bereichen vorgeschrieben,

insbesondere in Schlafzimmern und Wohnräumen.

Beispiel: Bewertung des Strombedarfs und der Systemkompatibilität

Angenommen, Sie haben ein Haus mit einem 100-Ampere-Verteiler und Ihre berechnete Gesamtstromlast beträgt etwa 80 Ampere, einschließlich Beleuchtung, Heizung, Lüftung und Klimaanlage, Küchengeräten und Unterhaltungssystemen. In diesem Fall hat der Verteiler ausreichend Kapazität. Wenn die Last jedoch 120 Ampere erreicht, kann ein Upgrade auf einen 200-Ampere-Verteiler erforderlich sein.

Um den Strombedarf eines modernen Hauses zu ermitteln, müssen Sie den Strombedarf aller Geräte und Systeme berechnen, das vorhandene elektrische System bewerten und sicherstellen, dass es die Belastung bewältigen kann. Durch das Verständnis der Beziehung zwischen Leistung, Spannung und Stromstärke und durch die Überprüfung wichtiger Komponenten wie Hauptschalttafel, Verkabelung und Steckdosen können Hausbesitzer und Fachleute ein sicheres und effizientes elektrisches System gewährleisten, das den Anforderungen eines modernen Haushalts gerecht wird. Eine ordnungsgemäße Bewertung ist die Grundlage für effektive Hausverkabelungs- und Umbauprojekte.

Erstellen eines Verdrahtungsplans: Zuordnen von Stromkreisen für Ihr Zuhause

Wenn es um die Verkabelung Ihres Hauses geht, liegt der Schlüssel zum Erfolg in einer sorgfältigen Planung. Ein gut durchdachter Verkabelungsplan stellt sicher, dass das elektrische System Ihres Hauses sicher und effizient ist und Ihren gesamten Strombedarf decken kann. Egal, ob Sie ein neues Haus bauen oder ein bestehendes umbauen, die Erstellung eines klaren und detaillierten Verkabelungsplans ist unerlässlich.

In diesem Abschnitt führen wir Sie durch die einzelnen Schritte zum Verlegen der Stromkreise in Ihrem Zuhause und stellen Ihnen eine Checkliste für jeden einzelnen Raum zur Verfügung, die Sie durch den Vorgang führt.

So verlegen Sie Stromkreise für Ihr Zuhause

Beim Planen von Stromkreisen muss bestimmt werden, wo Steckdosen, Schalter, Lampen und Geräte platziert werden und welche Stromkreise sie mit Strom versorgen. So erstellen Sie einen effektiven Verkabelungsplan:

a. Beginnen Sie mit einem Grundriss

Besorgen Sie sich zunächst eine Kopie des Grundrisses Ihres Hauses oder erstellen Sie bei Bedarf eine einfache Skizze. Auf diese Weise können Sie sich die Aufteilung der einzelnen Räume besser vorstellen und sehen, wo elektrische Geräte und Steckdosen benötigt werden.

- **Markieren Sie Steckdosen:** Ermitteln Sie, wo Steckdosen erforderlich sind, und berücksichtigen Sie dabei die Bequemlichkeit und Zugänglichkeit. Platzieren Sie sie an Stellen, an denen Sie wahrscheinlich Strom für Lampen, Elektronik und Kleingeräte benötigen.
- **Positionsschalter:** Planen Sie Lichtschalter an Türen oder Eingängen ein, um

Deckenbeleuchtung, Deckenventilatoren oder andere Beleuchtungskörper zu steuern.
- **Beleuchtung planen:** Planen Sie, wo Deckenleuchten, Einbauleuchten und andere Beleuchtungskörper angebracht werden sollen. Stellen Sie sicher, dass die Räume gut beleuchtet sind und dass spezielle Bereiche, wie z. B. Arbeitsbereiche, über ausreichend Arbeitsbeleuchtung verfügen.
- **Berücksichtigen Sie große Haushaltsgeräte:** Identifizieren Sie die Standorte großer Haushaltsgeräte wie Kühlschrank, Ofen, Waschmaschine und Trockner. Diese benötigen aufgrund ihres hohen Strombedarfs häufig eigene Stromkreise.

b. Teilen Sie das Haus in Stromkreise auf

Nachdem Sie die Standorte von Steckdosen, Lampen und Elektrogeräten festgelegt haben, besteht der nächste Schritt darin, das Haus in Stromkreise aufzuteilen. Jeder Stromkreis wird mit dem Hauptschalterfeld verbunden und es ist wichtig, keinen einzelnen Stromkreis zu überlasten.

➢ **Verstehen Sie die Stromkreislast:** Ein typischer Haushaltsstromkreis ist für 15 oder 20 Ampere ausgelegt. Nach dem Ohmschen Gesetz beträgt die maximale Last für einen 120-Volt-Stromkreis mit 15 Ampere:

$$P = V \times I = 120\,V \times 15\,A = 1800\,W$$

Dies bedeutet, dass ein 15-Ampere-Stromkreis bis zu 1800 Watt Leistung liefern kann. Bedenken Sie dies, wenn Sie Geräte und Armaturen Stromkreisen zuweisen, um eine Überlastung zu vermeiden.

➢ **Räume nach Stromkreis gruppieren:** Im Allgemeinen können Sie mehrere kleine Räume, wie Schlafzimmer oder Flure, einem einzigen Stromkreis zuweisen. Größere Räume mit mehr Geräten, wie Küchen oder Wohnzimmer, erfordern möglicherweise mehrere Stromkreise.

c. Konto für Sonderschaltungen

In bestimmten Bereichen, wie z. B. in der Küche und im Waschraum, gibt es Geräte, die eigene Stromkreise benötigen. Beispielsweise benötigen

Backofen, Mikrowelle, Waschmaschine und HLK-Systeme normalerweise eigene 240-V-Stromkreise, um höhere Stromlasten bewältigen zu können.

Checkliste für jeden Raum
Um Ihnen bei der Erstellung eines übersichtlichen und effizienten Verkabelungsplans zu helfen, finden Sie hier eine Checkliste mit den häufigsten elektrischen Anforderungen für jeden Raum.

a. Küche

Aufgrund der Anzahl der Haushaltsgeräte ist die Küche einer der Bereiche mit dem höchsten Stromverbrauch. Folgendes sollten Sie beachten:

- **Steckdosen:** Planen Sie Steckdosen entlang der Arbeitsplatten ein, mindestens alle 1,20 m. Installieren Sie aus Sicherheitsgründen GFCI-Steckdosen (Fehlerstrom-Schutzschalter) in der Nähe der Spüle.
- **Haushaltsgeräte:** Große Haushaltsgeräte wie Kühlschrank, Herd, Mikrowelle und Geschirrspüler benötigen eigene Stromkreise.
- **Beleuchtung:** Sorgen Sie für Deckenbeleuchtung, Arbeitsbeleuchtung unter

den Schränken und ziehen Sie die Installation eines Dimmerschalters für den Essbereich in Betracht.

b. Wohnzimmer

Im Wohnzimmer sind zwar nicht so viele Hochleistungsgeräte vorhanden, aber es bedarf trotzdem einer sorgfältigen Planung.

> **Steckdosen:** Platzieren Sie alle 2-3 m Steckdosen an den Wänden, um Lampen, Elektronik und Unterhaltungssysteme unterzubringen. Für einen leichteren Zugang können Sie auch Steckdosen im Boden anbringen.
> **Beleuchtung:** Planen Sie Deckenleuchten, Wandleuchten oder Stehlampen ein. Wenn Sie einen Deckenventilator haben, muss dieser separat verkabelt werden.

c. Schlafzimmer

In Schlafzimmern ist der Strombedarf normalerweise geringer, dennoch ist es wichtig, auf die richtige Platzierung der Steckdosen und Schalter zu achten.

- ➢ **Steckdosen:** Bringen Sie auf beiden Seiten des Bettes Steckdosen für Lampen und Telefonladegeräte an. Zusätzliche Steckdosen in der Nähe von Schreibtischen oder Kommoden können ebenfalls erforderlich sein.
- ➢ **Beleuchtung:** Integrieren Sie eine Deckenleuchte mit Schaltern in der Nähe des Eingangs und neben dem Bett für mehr Komfort.

d. Badezimmer

Sicherheit ist in Badezimmern von größter Bedeutung, da Feuchtigkeit das Risiko elektrischer Gefahren erhöht.

- ➢ **Steckdosen:** In der Nähe von Waschbecken sind FI-Schutzschalter erforderlich, um Stromschläge zu vermeiden. Stellen Sie sicher, dass Steckdosen für Haartrockner, Elektrorasierer und andere Pflegegeräte vorhanden sind.

> **Beleuchtung:** Planen Sie sowohl Deckenbeleuchtung als auch Schminktischbeleuchtung über dem Waschbecken ein. Erwägen Sie die Installation eines Ventilators mit Licht, um den Raum zu belüften.

e. Innenministerium

Mit dem zunehmenden Trend zur Telearbeit sind Home-Offices in modernen Haushalten zum gängigen Merkmal geworden.

> **Steckdosen:** Installieren Sie mehrere Steckdosen, um Computer, Monitore, Drucker und andere Bürogeräte mit Strom zu versorgen.
> **Beleuchtung:** Sorgen Sie für eine Arbeitsplatzbeleuchtung zum Lesen und für die Arbeit am Computer. Deckenbeleuchtung ist ebenfalls wichtig, um eine Überanstrengung der Augen zu vermeiden.

f. Waschküche

In der Waschküche stehen große Geräte, die viel Strom verbrauchen.

- **Haushaltsgeräte:** Waschmaschine und Trockner benötigen eigene 240-V-Stromkreise. Stellen Sie aus Sicherheits- und Komfortgründen sicher, dass diese in der Nähe der Haushaltsgeräte aufgestellt sind.
- **Steckdosen:** Installieren Sie FI-Schutzschalter-Steckdosen für zusätzlichen Strombedarf, beispielsweise für ein Bügeleisen oder einen Dampfgarer.

Das Erstellen eines Verkabelungsplans ist ein wesentlicher Schritt bei jedem Hausbau- oder Umbauprojekt. Indem Sie Ihre Stromkreise Raum für Raum abbilden, die individuellen Anforderungen jedes Raums berücksichtigen und eine angemessene Stromverteilung planen, stellen Sie sicher, dass das elektrische System Ihres Hauses sicher und effizient ist und alle Ihre Anforderungen erfüllen kann. Mit sorgfältiger Planung und Liebe zum Detail bildet Ihr Verkabelungsplan die Grundlage für ein modernes, gut funktionierendes Zuhause.

Besorgen Sie sich die richtigen Werkzeuge und Materialien für die Hausverkabelung

Bevor Sie mit einem Verkabelungsprojekt im Haus beginnen, ist es wichtig, die richtigen Werkzeuge und Materialien zur Hand zu haben. Egal, ob Sie neue Leitungen verlegen, alte Schaltkreise ersetzen oder Ihr elektrisches System umgestalten, die Qualität und Eignung Ihrer Werkzeuge und Materialien wird einen erheblichen Unterschied im Ergebnis ausmachen. In diesem Abschnitt führen wir Sie durch die wesentlichen Werkzeuge und gängigen Materialien, die Sie benötigen, um sicherzustellen, dass Ihr Projekt sicher, effizient und den Standards entsprechend ist.

Wichtige Werkzeuge für die Verkabelung

Um ein Verkabelungsprojekt im Haus richtig auszuführen, benötigen Sie einen zuverlässigen Satz Werkzeuge. Nachfolgend finden Sie sieben wichtige Werkzeuge für die Verkabelung, jedes mit seiner spezifischen Funktion, um sicherzustellen, dass die Arbeit richtig ausgeführt wird:

1. **Spannungsprüfer**

Ein Spannungsprüfer ist ein Sicherheitswerkzeug, mit dem Sie überprüfen können, ob ein Kabel oder eine Steckdose stromführend ist. Er hilft, Unfälle zu vermeiden, indem er sicherstellt, dass der Strom abgeschaltet ist, bevor Sie mit der Arbeit beginnen. Berühren Sie mit dem Prüfer einfach das Kabel oder die Steckdose, um zu prüfen, ob Strom fließt. Um die Sicherheit zu gewährleisten, prüfen Sie immer mehrere Male, bevor Sie mit Kabeln hantieren.

2. Abisolierzangen

Mit Abisolierzangen wird die Isolierung von elektrischen Leitungen entfernt, um das darunterliegende blanke Metall für die Verbindungen freizulegen. Die Abisolierzange ist mit verschiedenen Messeinstellungen ausgestattet, sodass Sie Drähte unterschiedlicher Größe abisolieren können, ohne sie zu beschädigen.

3. Spitzzange

Spitzzangen sind praktisch zum Biegen von Drähten, zum Ziehen durch enge Stellen und für präzise Einstellungen. Ihre lange, schlanke Form macht sie besonders nützlich bei Arbeiten in Schaltkästen oder engen Bereichen.

4. Isolierband

Isolierband dient zur Isolierung von Drähten und anderen Materialien, die Strom leiten. Es hilft, Stromschläge, Kurzschlüsse und andere Gefahren zu verhindern. Verwenden Sie unbedingt hochwertiges, hitzebeständiges Band für eine sichere und langlebige Verbindung.

5. Schraubendreher (Schlitz- und Kreuzschlitzschraubendreher)

Schraubendreher sind unverzichtbar, wenn es um die Installation von Schaltern, Steckdosen und Leuchten geht. Sie benötigen sowohl Schlitz- als auch Kreuzschlitzschraubendreher, um Schrauben an elektrischen Geräten festzuziehen oder zu lösen.

6. Stromkreistester

Mit einem Stromkreistester können Sie feststellen, ob ein Stromkreis ordnungsgemäß funktioniert. Er kann Steckdosen und Geräte auf ordnungsgemäße Verdrahtung prüfen und sicherstellen, dass alles angeschlossen ist und ordnungsgemäß funktioniert. Dieses Werkzeug ist wichtig, um sicherzustellen, dass Ihre Arbeit nach der Installation sicher und funktionsfähig ist.

7. Einziehband

Einziehband wird verwendet, um Kabel durch Wände, Leitungen oder andere schwer erreichbare Stellen zu führen. Es ist ein flaches, schmales Werkzeug, das das Einziehen von Kabeln durch enge Stellen wesentlich vereinfacht.

Gängige Materialien für die Verkabelung

Neben den richtigen Werkzeugen benötigen Sie eine Vielzahl von Materialien, um sicherzustellen, dass Ihre Verkabelung den Vorschriften entspricht und den elektrischen Anforderungen Ihres Hauses entspricht. Im Folgenden finden Sie sieben häufig verwendete Materialien für die Verkabelung von Häusern :

1. Elektrische Leitungen

Drähte sind die Grundlage jedes elektrischen Systems. Für verschiedene Anwendungen werden unterschiedliche Arten von Drähten verwendet, z. B. THHN-Draht (üblicherweise für die Verkabelung von Wohngebäuden verwendet) und Romex-Draht (ummanteltes Kabel für Innenanwendungen). Achten Sie darauf, für jede Aufgabe den richtigen Durchmesser und den richtigen Drahttyp auszuwählen, da davon die Belastbarkeit und Sicherheit Ihrer Schaltkreise abhängt.

2. Steckdosen

Steckdosen sind die Stellen, an denen Geräte und Apparate an das elektrische System angeschlossen werden. Standardsteckdosen sind normalerweise für 15 oder 20 Ampere ausgelegt. In Nassbereichen wie Küchen oder Badezimmern sollten Sie Steckdosen mit Fehlerstromschutzschalter verwenden, um Stromschläge zu vermeiden.

3. Schalter

Schalter steuern den Stromfluss zu Lichtern, Ventilatoren und anderen Geräten. Es gibt verschiedene Arten von Schaltern, darunter Einpol-,

Dreiweg- und Dimmerschalter, die jeweils eine bestimmte Funktion erfüllen. Achten Sie darauf, je nach Gerät und Raumaufteilung den passenden Schalter zu verwenden.

4. Schaltkästen

In Schaltkästen sind Steckdosen, Schalter und Kabelverbindungen untergebracht. Sie schützen diese Komponenten vor Beschädigungen und dämmen Funken oder Hitze ein, die durch elektrische Fehler entstehen können. Verwenden Sie für die entsprechende Anwendung geeignete Metall- oder Kunststoffkästen und stellen Sie sicher, dass sie sicher an Wänden oder Bolzen befestigt sind.

5. Leistungsschalter

Leistungsschalter schützen Ihr elektrisches System, indem sie bei Überlastung eines Stromkreises automatisch den Strom abschalten. Diese werden in der Schalttafel Ihres Hauses installiert und müssen entsprechend den Lastanforderungen der von ihnen gesteuerten Stromkreise ausgewählt werden. Stellen Sie sicher, dass die Amperezahl des

Leistungsschalters der Kapazität des Kabels und der Geräte im Stromkreis entspricht.

6. Schalttafeln

Der Schaltschrank ist das Herzstück der elektrischen Anlage Ihres Hauses. Er beherbergt die Leistungsschalter und verteilt den Strom an die verschiedenen Stromkreise in Ihrem Haus. Achten Sie bei der Verkabelung moderner Häuser darauf, dass der Schaltschrank über genügend Kapazität verfügt, um Ihren aktuellen Bedarf sowie zukünftige Erweiterungen zu decken.

7. Kabelverbinder

Drahtverbinder (auch Drahtmuttern genannt) dienen zum sicheren Verbinden von Drähten. Sie werden auf die Enden der Drähte gedreht, um eine feste Verbindung herzustellen, die sich mit der Zeit nicht löst. Verwenden Sie immer Drahtverbinder der richtigen Größe für die Drähte, die Sie verbinden, um eine feste und sichere Verbindung zu gewährleisten.

Das Zusammenstellen der richtigen Werkzeuge und Materialien ist ein entscheidender Schritt bei jedem Verkabelungsprojekt im Haus. Die richtigen Werkzeuge zur Hand zu haben, erleichtert nicht nur die Arbeit, sondern stellt auch sicher, dass Ihre Arbeit sicher und den Vorschriften entsprechend ist. Gleichzeitig garantiert die Wahl hochwertiger Materialien wie der richtigen Kabel, Steckdosen und Schutzschalter, dass die elektrische Anlage Ihres Hauses über Jahre hinweg zuverlässig funktioniert. Egal, ob Sie ein Hausbesitzer sind, der ein Heimwerkerprojekt in Angriff nehmen möchte, oder ein Profi, der eine umfangreichere Renovierung in Angriff nimmt, der Erfolg Ihres Projekts hängt von der Vorbereitung und der Verwendung der richtigen Ausrüstung von Anfang an ab.

KAPITEL 3: SCHALTTAFELN, LEISTUNGSSCHALTER UND SERVICEANSCHLÜSSE

Grundlegendes zu Schalttafeln (Servicepanels)

Der Sicherungskasten, oft auch Servicepanel oder Sicherungskasten genannt, ist das Herzstück des elektrischen Systems Ihres Hauses. Er dient als zentraler Knotenpunkt, über den der Strom Ihres Stromversorgers in Ihr Haus gelangt und an verschiedene Stromkreise im ganzen Haus verteilt wird. Das Verständnis der Funktionsweise des Sicherungskastens, seiner Komponenten und seiner Rolle bei der Hausverkabelung ist für Sie als Hausbesitzer, Heimwerker oder professioneller Elektriker unerlässlich. In diesem Abschnitt untersuchen wir die Funktion des Sicherungskastens, zerlegen seine wichtigsten Komponenten wie den Hauptschalter, Unterverteiler und einzelne Schalter und erklären, wie sie zusammenarbeiten, um das elektrische

System Ihres Hauses sicher und funktionsfähig zu halten.

Die Rolle des Servicepanels bei der Hausverkabelung

Der Verteiler spielt eine wichtige Rolle bei der Steuerung und Verteilung von Elektrizität in verschiedene Teile Ihres Hauses. Er fungiert als Gateway zwischen den externen Stromleitungen und Ihrer internen elektrischen Verkabelung. Wenn Strom vom Versorgungsunternehmen in Ihr Haus gelangt, durchläuft er zuerst den Verteiler. Von dort aus reguliert und verteilt der Verteiler den Strom an einzelne Stromkreise, die Ihre Haushaltsgeräte, Lampen, Steckdosen und andere elektrische Geräte mit Strom versorgen.

Der Verteilerkasten verwaltet nicht nur die Stromverteilung, sondern dient auch als Sicherheitsmechanismus. Er enthält Schutzschalter, die den Stromfluss im Falle einer Überlastung, eines Kurzschlusses oder anderer elektrischer Störungen automatisch unterbrechen. Dies verhindert Überhitzung, Brände und Schäden an Ihrem elektrischen System. Für die Sicherheit Ihres

Zuhauses ist es entscheidend, zu wissen, wie Sie sicher mit Ihrem Verteilerkasten arbeiten, einschließlich des Abschaltens des Stroms bei Bedarf.

Hauptschalter: Das Kontrollzentrum Ihres elektrischen Systems

Der Hauptschalter ist die Hauptsteuerung für Ihr gesamtes elektrisches System. Er fungiert als Schalter, mit dem Sie die gesamte Stromversorgung Ihres Hauses auf einmal abschalten können. Der Hauptschalter befindet sich normalerweise oben oder unten am Verteilerkasten und ist so konzipiert, dass er auslöst (abschaltet), wenn die elektrische Last im Haus die sichere Kapazität des Verteilerkastens überschreitet.

In den meisten modernen Häusern ist der Hauptschalter auf 100 bis 200 Ampere ausgelegt, was bedeutet, dass er den Stromfluss bis zu dieser Grenze bewältigen kann. Wenn beispielsweise der Strombedarf Ihres Hauses die Amperezahl des Hauptschalters überschreitet, wird dieser ausgelöst, um die Verkabelung vor Überhitzung zu schützen und elektrische Brände zu verhindern.

Mit dem Hauptschalter können Sie im Notfall oder zu Wartungszwecken auch die Stromversorgung Ihres Hauses vollständig unterbrechen. Zu wissen, wie Sie den Hauptschalter sicher ausschalten, bevor Sie an Ihrem elektrischen System arbeiten, ist eine wichtige Sicherheitsmaßnahme.

Unterverteiler: Erweiterung Ihres elektrischen Systems

In manchen Fällen reicht ein einzelner Verteiler nicht aus, um den Strombedarf eines großen Hauses zu decken, insbesondere wenn ein separates Gebäude, eine Garage oder ein Anbau vorhanden ist, der eine eigene Stromquelle benötigt. Hier kommen Unterverteiler ins Spiel.

Ein Unterverteiler ist im Wesentlichen ein kleinerer Serviceverteiler, der an den Hauptverteiler angeschlossen ist. Damit können Sie das elektrische System auf andere Bereiche des Hauses oder Grundstücks ausdehnen, ohne den Hauptverteiler zu überlasten. Unterverteiler sind besonders nützlich, wenn ein Haus über mehrere Hochleistungsgeräte verfügt oder wenn verschiedene Bereiche des Hauses ihre eigene

Stromkreisverwaltung benötigen. Beispielsweise könnte eine freistehende Garage mit eigenem Satz Elektrowerkzeuge und Beleuchtung über einen Unterverteiler verfügen, um die elektrische Last in diesem Bereich zu bewältigen.

Unterverteiler sind über ein Zuleitungskabel mit dem Hauptverteiler verbunden, das den Strom zum Unterverteiler leitet, um ihn an seine eigenen Stromkreise zu verteilen. Unterverteiler haben zwar keinen eigenen Hauptschalter , aber sie verfügen über einzelne Schalter, um den Stromfluss zu den von ihnen versorgten Stromkreisen zu steuern.

Leistungsschalter: Der Sicherheitsmechanismus

Leistungsschalter sind das Herzstück des Sicherheitssystems in Ihrem Schaltschrank. Jeder Stromkreis in Ihrem Haus ist mit einem eigenen Leistungsschalter verbunden, der den Stromfluss überwacht. Wenn ein Stromkreis mehr Strom verbraucht, als er verkraften kann, löst der Leistungsschalter automatisch aus und unterbricht die Stromversorgung dieses Stromkreises. Dies schützt die Verkabelung vor Überhitzung und verhindert mögliche elektrische Brände.

Es gibt verschiedene Arten von Leistungsschaltern für verschiedene Anwendungen, darunter:

> **Standard-Leistungsschalter:** Diese schützen vor Überlastung und Kurzschluss.
> **Fehlerstrom-Schutzschalter (GFCI):** Diese sind in Nassbereichen wie Badezimmern und Küchen vorgeschrieben. Sie schützen vor Erdschlüssen, die auftreten, wenn Elektrizität einen unbeabsichtigten Weg zur Erde findet, beispielsweise durch eine Person.
> **Fehlerlichtbogen-Schutzschalter (AFCI):** Diese erkennen und stoppen Lichtbögen, die zu Bränden führen können. AFCI-Schutzschalter werden in zunehmendem Maße durch Bauvorschriften für Stromkreise in Schlafzimmern, Wohnbereichen und anderen Teilen des Hauses vorgeschrieben.

Jeder Leistungsschalter ist so beschriftet, dass er einem bestimmten Bereich oder Gerät im Haus entspricht. Sie können beispielsweise einen

Leistungsschalter für die Küche, einen anderen für das Wohnzimmer und einen weiteren für die Klimaanlage haben. Wenn Sie wissen, welcher Leistungsschalter welchen Bereich oder welches Gerät in Ihrem Haus steuert, können Sie elektrische Probleme leicht beheben, z. B. einen ausgelösten Leistungsschalter zurücksetzen oder den Strom für Reparaturen abschalten.

Beherrschung des Schaltschranks

Der Verteilerkasten ist der zentrale Knotenpunkt des elektrischen Systems Ihres Hauses. Er verwaltet den Stromfluss und schützt Ihr Haus vor elektrischen Gefahren. Wenn Sie die Funktionen des Hauptschalters, der Unterverteiler und der einzelnen Leistungsschalter verstehen, können Sie ein sicheres, effizientes elektrisches System aufrechterhalten. Egal, ob Sie ein Hausbesitzer sind, der selbst Reparaturen durchführen möchte, oder ein professioneller Elektriker, der an einer Installation arbeitet, ist es wichtig zu wissen, wie der Verteilerkasten funktioniert. Bevor Sie mit einem elektrischen Projekt beginnen, sollten Sie immer die Sicherheit an erste Stelle setzen und sicherstellen, dass Sie ein solides Verständnis davon haben, wie Sie Ihren Verteilerkasten bedienen und damit arbeiten.

Installieren und Aufrüsten von Leistungsschaltern: Ein professioneller Leitfaden

Leistungsschalter sind ein wesentlicher Bestandteil jedes elektrischen Systems im Haus. Sie schützen Ihr Haus, indem sie den Strom abschalten, wenn es zu einer elektrischen Überlastung, einem Kurzschluss oder einem anderen Fehler kommt, der Schäden verursachen oder sogar einen Brand auslösen könnte. Da moderne Häuser immer mehr Strom verbrauchen, ist die Aufrüstung oder Installation neuer Leistungsschalter ein entscheidender Teil der Aufrechterhaltung eines sicheren und effizienten elektrischen Systems. In diesem Handbuch erklären wir die verschiedenen Arten von Leistungsschaltern und ihre Funktionen und führen Sie Schritt für Schritt durch die sichere Installation oder Aufrüstung.

Arten von Leistungsschaltern
Bevor Sie mit der Installation beginnen, sollten Sie sich mit den verschiedenen Arten von

Schutzschaltern vertraut machen, die für den Heimgebrauch erhältlich sind. Jeder Typ hat einen bestimmten Zweck und soll Ihr Zuhause vor verschiedenen elektrischen Gefahren schützen.

1. **Standard-Leistungsschalter:** Dies ist der in Haushalten am häufigsten anzutreffende Leistungsschaltertyp. Standard-Leistungsschalter schützen vor elektrischen Überlastungen und Kurzschlüssen. Wenn ein Stromkreis mehr Strom zieht als für ihn vorgesehen, wird der Leistungsschalter ausgelöst und unterbricht den Stromfluss, um Überhitzung und Schäden an der Verkabelung zu verhindern.
2. **Fehlerstrom-Schutzschalter (GFCI):** GFCI-Schutzschalter werden in Bereichen eingesetzt, in denen Wasser und Elektrizität in unmittelbarer Nähe sind, wie z. B. in Badezimmern, Küchen und Außensteckdosen. Sie schützen vor Erdschlüssen, die auftreten, wenn elektrischer Strom auf einem unbeabsichtigten Weg, z. B. durch eine Person, in den Boden abfließt. GFCI-Schutzschalter lösen schnell aus, um einen Stromschlag zu verhindern.

3. Fehlerlichtbogen-Schutzschalter (AFCI):
AFCI-Schutzschalter sind dafür ausgelegt, Fehlerlichtbögen zu erkennen und zu verhindern. Dabei handelt es sich um Funken, die entstehen können, wenn elektrische Verbindungen locker werden oder beschädigt werden. Fehlerlichtbögen sind eine der Hauptursachen für elektrische Brände in Haushalten, und moderne Bauvorschriften verlangen zunehmend AFCI-Schutzschalter für Stromkreise in Schlafzimmern, Wohnbereichen und anderen Teilen des Hauses.

Schrittweiser Installations- und Aktualisierungsprozess

Bei der Installation oder Aufrüstung eines Leistungsschalters ist besonderes Augenmerk auf Sicherheit und Genauigkeit zu legen. Wenn Sie mit der Arbeit in einem Schaltschrank nicht vertraut sind, sollten Sie immer einen zugelassenen Elektriker zu Rate ziehen. Für diejenigen mit Erfahrung in Elektroarbeiten gibt es hier jedoch eine Schritt-für-Schritt-Anleitung, die Sie durch den Vorgang führt.

1. Schalten Sie den Strom aus

Bevor Sie mit der Arbeit am Schaltschrank beginnen, müssen Sie unbedingt den Strom abschalten, um schwere Verletzungen zu vermeiden. Suchen Sie den Hauptschalter oben am Schaltschrank und schalten Sie ihn aus. Dadurch wird die Stromversorgung des gesamten Hauses unterbrochen. Verwenden Sie immer einen Spannungsprüfer, um sicherzustellen, dass kein Strom zum Schaltschrank fließt, bevor Sie fortfahren.

2. Entfernen Sie die Bedienfeldabdeckung

Entfernen Sie mit einem Schraubendreher die Schrauben, mit denen die Abdeckung des Schaltkastens befestigt ist. Legen Sie die Abdeckung vorsichtig beiseite, sodass die Leistungsschalter und die Verkabelung im Inneren des Schaltkastens freigelegt sind.

3. Identifizieren Sie den zu ersetzenden oder zu installierenden Leistungsschalter

Wenn Sie einen vorhandenen Leistungsschalter aufrüsten, suchen Sie den Leistungsschalter, den Sie ersetzen möchten. Wenn Sie einen neuen Leistungsschalter installieren, identifizieren Sie den entsprechenden Steckplatz im Panel, in dem der Leistungsschalter installiert werden soll. Jeder Leistungsschaltersteckplatz entspricht einem bestimmten Stromkreis in Ihrem Haus. Achten Sie daher darauf, die Stromkreise richtig zu kennzeichnen, wenn Sie neue hinzufügen.

4. Den alten Leistungsschalter entfernen (sofern vorhanden)

Um einen alten Leistungsschalter zu entfernen, ziehen Sie ihn vorsichtig aus dem Panel. Leistungsschalter werden normalerweise durch einen Clip an Ort und Stelle gehalten, daher müssen Sie möglicherweise etwas Druck ausüben, um ihn zu lösen. Trennen Sie nach dem Entfernen das mit dem Leistungsschalter verbundene Kabel, indem Sie die Klemmschraube lösen.

5. Installieren Sie den neuen Leistungsschalter

Wenn Sie ein Upgrade durchführen, befestigen Sie das Kabel, das Sie vom alten Leistungsschalter abgetrennt haben, an der Anschlussschraube des neuen Leistungsschalters. Stellen Sie sicher, dass das Kabel fest befestigt ist, aber ziehen Sie die Schraube nicht zu fest an. Entfernen Sie bei Neuinstallationen mit einem Abisolierer etwa 1,27 cm der Isolierung vom Ende des Kabels und befestigen Sie das Kabel dann am neuen Leistungsschalter. Lassen Sie den Leistungsschalter in die Schalttafel einrasten und achten Sie darauf, dass er fest in seinem Steckplatz sitzt.

6. Schließen Sie die Verkabelung erneut an und überprüfen Sie sie

Überprüfen Sie noch einmal, ob alle Kabel richtig angeschlossen sind und keine Kabel lose oder freiliegen. Wenn Sie mehrere Leistungsschalter aufrüsten, wiederholen Sie den Vorgang für jeden einzelnen. Markieren Sie jeden Schaltkreis mit einem Kabeletikett oder einer Notiz, was bei zukünftigen Reparaturen oder Installationen hilfreich ist.

7. Bringen Sie die Bedienfeldabdeckung wieder an und schalten Sie den Strom ein

Sobald die neuen Leistungsschalter installiert und die gesamte Verkabelung gesichert ist, setzen Sie die Abdeckung des Schaltkastens wieder auf und ziehen Sie die Schrauben fest. Nachdem Sie sichergestellt haben, dass alles an seinem Platz ist, schalten Sie den Hauptschalter wieder ein, um die Stromversorgung des Hauses wiederherzustellen. Schalten Sie nacheinander die neuen Leistungsschalter ein und testen Sie die Stromkreise, um sicherzustellen, dass sie ordnungsgemäß funktionieren.

Sicherheitsaspekte

Wenn Sie an einem Schaltschrank arbeiten, sollte Sicherheit oberste Priorität haben. Auch wenn der Strom abgeschaltet ist, birgt die Arbeit an elektrischen Anlagen Risiken. Tragen Sie daher immer persönliche Schutzausrüstung (PSA) wie isolierte Handschuhe und Schutzbrillen. Wenn Sie sich bei einem Schritt des Vorgangs nicht sicher sind, sollten Sie außerdem einen zugelassenen Elektriker beauftragen, der sicherstellen kann, dass die Arbeit sicher und korrekt ausgeführt wird.

Eine wichtige Verbesserung für moderne Häuser

Das Aufrüsten oder Installieren neuer Schutzschalter ist ein notwendiger Schritt, um sicherzustellen, dass das elektrische System Ihres Hauses den Anforderungen moderner Geräte und Vorrichtungen entspricht. Wenn Sie die Arten von Schutzschaltern verstehen und einem klaren Installationsprozess folgen, können Sie die Verkabelung Ihres Hauses getrost verbessern. Wie immer gilt: Sicherheit hat Vorrang und Sie sollten einen Elektriker zu Rate ziehen, wenn die Aufgabe Ihre Fachkenntnisse übersteigt. Indem Sie sich um das elektrische System Ihres Hauses kümmern, schützen Sie nicht nur Ihr Eigentum, sondern sorgen auch für die Sicherheit aller darin befindlichen Personen.

Erdungs- und Verbindungssysteme: Eine wichtige Sicherheitsmaßnahme bei der Hausverkabelung

Erdung und Verbindung sind entscheidende Komponenten jedes elektrischen Systems und spielen eine wesentliche Rolle bei der Aufrechterhaltung der elektrischen Sicherheit und der ordnungsgemäßen Funktion der Verkabelung Ihres Hauses. Ohne ordnungsgemäße Erdung steigt das Risiko eines Stromschlags, eines Brandes und einer Gerätebeschädigung dramatisch an. In diesem Handbuch wird die Bedeutung der Erdung erläutert, ihre Funktionsweise klar verständlich gemacht und Sie erhalten eine schrittweise Anleitung zum Installieren und Testen von Erdungssystemen in Ihrem Haus.

Die Bedeutung einer ordnungsgemäßen Erdung

Erdung ist der Vorgang, bei dem das elektrische System mit der Erde verbunden wird, sodass überschüssiger elektrischer Strom, beispielsweise durch einen Blitzschlag oder einen Fehler im System, sicher in den Boden abgeleitet werden kann. Der Hauptzweck der Erdung besteht darin, sowohl Personen als auch Eigentum vor elektrischen Gefahren zu schützen.

Eine ordnungsgemäße Erdung eines Systems trägt dazu bei:

- **Vermeidung von Stromschlägen:** Tritt ein Fehler auf, z. B. wenn sich ein Kabel löst oder beschädigt wird, bietet die Erdung einen sicheren Weg für den elektrischen Strom. Dadurch wird verhindert, dass der Strom durch Menschen fließt, was zu schweren Verletzungen oder zum Tod führen kann.
- **Verhindern Sie elektrische Brände:** Unkontrollierter elektrischer Strom kann Hitze erzeugen, die zu Bränden führen kann. Durch Erdung wird überschüssiger Strom sicher in die Erde geleitet, wodurch das Risiko von Überhitzung und Funkenbildung verringert wird.
- **Schützen Sie elektrische Geräte:** Stromstöße, wie sie beispielsweise durch Blitzschlag oder Stromschwankungen verursacht werden, können Geräte und Elektronik beschädigen. Die Erdung hilft, diese Geräte zu schützen, indem sie einen Weg für die Entweichung der überschüssigen Energie bietet.

So installieren Sie ein Erdungssystem
Die ordnungsgemäße Installation eines Erdungssystems ist für dessen Wirksamkeit von entscheidender Bedeutung. Hier finden Sie eine

grundlegende Schritt-für-Schritt-Anleitung zur Installation eines Erdungssystems in einem Haus.

1. Installieren Sie einen Erdungsstab

Der erste Schritt bei der Erstellung eines Erdungssystems besteht darin, einen Erdungsstab in die Erde zu treiben. Dieser Stab, der normalerweise aus Kupfer oder verzinktem Stahl besteht, dient als physische Verbindung zwischen dem elektrischen System Ihres Hauses und der Erde. Er sollte mindestens 2,44 m lang sein und tief genug in den Boden getrieben werden, um festen Kontakt mit der Erde herzustellen.

2. Schließen Sie das Erdungskabel an

Als nächstes wird ein Erdungskabel, normalerweise aus Kupfer, vom Hauptschaltkasten (auch als Sicherungskasten bezeichnet) an den Erdungsstab angeschlossen. Dieses Kabel sollte dick genug sein, um im Fehlerfall den Strom zu bewältigen. Für die meisten Haushalte reicht ein Kabel der Stärke 6 oder 8 aus. Das Kabel wird mithilfe einer Klemme an den Erdungsstab angeschlossen, um eine sichere und zuverlässige Verbindung zu gewährleisten.

3. **Verbinden Sie das Erdungssystem mit Metallrohren**

In vielen Haushalten ist es außerdem wichtig, das elektrische Erdungssystem mit metallischen Rohrleitungen zu verbinden. Dadurch wird sichergestellt, dass jeder Fehlerstrom, der durch das Rohrleitungssystem fließt, auch sicher in den Boden abgeleitet werden kann.

Testen des Erdungssystems
Nach der Installation des Erdungssystems ist es wichtig, es zu testen, um sicherzustellen, dass es ordnungsgemäß funktioniert. So können Sie das System testen:

1. **Verwenden Sie einen Erdungswiderstandstester**

Ein Erdungswiderstandsprüfer misst, wie gut der Erdungsstab mit der Erde verbunden ist. Ein Widerstandswert von 25 Ohm oder weniger gilt im Allgemeinen als sicher. Wenn der Widerstand zu hoch ist, müssen Sie möglicherweise zusätzliche Erdungsstäbe hinzufügen oder die Verbindung zwischen dem Erdungsstab und dem Boden verbessern.

2. Überprüfen Sie die Kontinuität des Erdungskabels

Überprüfen Sie mit einem Multimeter die Kontinuität des Erdungskabels. Dadurch wird sichergestellt, dass das Kabel intakt und sicher sowohl mit der Schalttafel als auch mit dem Erdungsstab verbunden ist.

3. Überprüfen Sie die Verbindungen

Führen Sie eine Sichtprüfung aller Verbindungen durch, einschließlich der Stellen, an denen das Erdungskabel an der Erdungsstange und dem Servicepanel befestigt ist, um sicherzustellen, dass sie fest und korrosionsfrei sind.

Die Erdung ist die Grundlage der elektrischen Sicherheit

Eine ordnungsgemäße Erdung und Verbindung sind für die Aufrechterhaltung der Sicherheit und

Effizienz des elektrischen Systems Ihres Hauses unerlässlich. Ein gut geerdetes System bietet einen sicheren Weg für den Abfluss überschüssigen Stroms in die Erde und schützt so sowohl Menschen als auch Eigentum vor elektrischen Gefahren. Durch die Installation und Prüfung eines Erdungssystems wird sichergestellt, dass Ihr Haus vor elektrischen Fehlern, Überspannungen und Stromschlägen geschützt ist. Dies ist ein kritischer Aspekt jeder elektrischen Installation oder Aufrüstung.

Verwaltung elektrischer Lasten und Stromkreise: Effiziente Energieverteilung

Bei jedem Hausverkabelungsprojekt ist es wichtig zu wissen, wie man die elektrische Last verwaltet und effizient auf die Stromkreise verteilt. Ein ordnungsgemäßes Lastmanagement stellt nicht nur sicher, dass Ihr elektrisches System sicher und effektiv funktioniert, sondern verhindert auch Überlastungen, die zu Stromkreisausfällen oder sogar Brandgefahr führen können. In diesem Handbuch erklären wir, wie man elektrische Lasten verteilt, wann man für moderne Geräte und Technologien neue Stromkreise hinzufügt und wie einfache mathematische Berechnungen Ihnen helfen können, die richtigen Entscheidungen zu treffen.

Effiziente Lastverteilung über Stromkreise
Die elektrische Last bezieht sich auf die Gesamtmenge an Strom, die elektrische Geräte in einem Haushalt aus dem System ziehen. Jedes Haus hat eine Grenze für die Menge an elektrischer Last, die es bewältigen kann. Diese wird durch den Hauptschaltkasten (Sicherungskasten) bestimmt. Eine effiziente Lastverteilung bedeutet, dass bestimmten Geräten oder Bereichen in einem Haus bestimmte Stromkreise zugewiesen werden, um sicherzustellen, dass kein einzelner Stromkreis überlastet wird.

Schlüsselkonzepte:

- **Stromkreis:** Ein Weg, durch den elektrischer Strom fließt. Jeder Stromkreis in Ihrem Haus ist normalerweise mit einem Leistungsschalter verbunden, der den Stromfluss regelt.
- **Belastbarkeit:** Die Gesamtleistung, die ein Stromkreis verarbeiten kann, normalerweise gemessen in Ampere (Ampere).

Als Faustregel gilt, dass Sie 80 % der Gesamtbelastbarkeit eines Stromkreises nicht überschreiten sollten. Wenn Sie beispielsweise einen 20-Ampere-Stromkreis haben, sollten Sie ihn nicht mit mehr als 16 Ampere belasten.

Grundlegende Lastberechnung:

Um die Belastung eines Stromkreises zu berechnen, verwenden Sie die folgende Formel:

$$\text{Leistung (Watt)} = \text{Spannung (Volt)} \times \text{Strom (Ampere)}$$

Wenn Sie beispielsweise in einem typischen US-Haushalt mit einem 120-Volt-System einen 1.500-Watt-Heizstrahler betreiben möchten, berechnen Sie den benötigten Strom wie folgt:

$$Current = \frac{1500\ watts}{120\ volts} = 12.5\ amps$$

Das bedeutet, dass der Heizstrahler 12,5 Ampere aus dem Stromkreis zieht. Wenn dieses Gerät an einen 15-Ampere-Stromkreis angeschlossen ist, ist die Kapazität des Stromkreises bereits fast erschöpft, sodass kaum noch Platz für andere Geräte bleibt, ohne dass der Schutzschalter auslöst.

Hinzufügen neuer Schaltkreise für moderne Geräte und Technologien
Da immer mehr moderne Geräte und Technologien in Haushalten zum Einsatz kommen, wie etwa Home-Entertainment-Systeme, Klimaanlagen oder Ladegeräte für Elektrofahrzeuge, steigt auch der Strombedarf. Viele ältere Häuser sind nicht für den Strombedarf moderner Geräte ausgelegt, sodass neue Stromkreise hinzugefügt werden müssen.

Warum neue Schaltkreise hinzufügen:

➢ **Überlastung vermeiden:** Wenn Sie zu viele Geräte an einen Stromkreis anschließen, löst der Schutzschalter häufig aus, was zu Stromunterbrechungen führt. Durch das Hinzufügen neuer Stromkreise wird sichergestellt, dass stark beanspruchte Geräte wie Kühlschränke oder Mikrowellen über einen eigenen Stromkreis verfügen.

➤ **Neue Technologien berücksichtigen:** Technologien wie Ladegeräte für Elektrofahrzeuge, Smart-Home-Systeme oder hocheffiziente Waschmaschinen und Trockner erfordern häufig eigene Schaltkreise, da sie mehr Strom verbrauchen als ältere Geräte.

Schritte zum Hinzufügen eines neuen Schaltkreises:

1. **Bestimmen Sie die Last:** Berechnen Sie zunächst die Gesamtlast des Geräts oder Systems, das Sie anschließen möchten. Ein Elektroherd könnte beispielsweise bei 240 Volt 3.000 Watt verbrauchen, was 12,5 Ampere erfordern würde (nach derselben Formel wie oben). In diesem Fall wäre ein Stromkreis mit 20 Ampere angemessen.
2. **Installieren Sie einen neuen Leistungsschalter:** Fügen Sie Ihrem Servicepanel einen neuen Leistungsschalter hinzu, der der Lastberechnung entspricht. Für große Geräte benötigen Sie möglicherweise einen zweipoligen Leistungsschalter (240 Volt) anstelle eines einpoligen Leistungsschalters (120 Volt).
3. **Neue Leitungen verlegen:** Verlegen Sie die entsprechenden Leitungen (normalerweise Kabel

der Stärke 12 oder 10, abhängig von der Stromstärke des Stromkreises) vom Sicherungskasten zum Standort des Geräts.

4. **Installieren Sie die Steckdosen oder Direktanschlüsse:** Für kleinere Geräte installieren Sie eine Standard- oder GFCI-Steckdose. Bei großen Geräten wie einem Ofen müssen Sie das Gerät möglicherweise direkt an das elektrische System anschließen.

Beispiel für das Hinzufügen eines neuen Schaltkreises

Angenommen, Sie installieren ein neues Home-Entertainment-System, das bei 120 Volt 1.200 Watt verbraucht. Mit der Formel würden Sie Folgendes berechnen:

$$Current = \frac{1200\ watts}{120\ volts} = 10\ amps$$

Dies bedeutet, dass ein Standardstromkreis mit 15 Ampere das Entertainment-System versorgen könnte, Sie sollten jedoch vermeiden, zu viele andere Geräte anzuschließen, um eine Überlastung zu vermeiden.

Ein ausgewogenes elektrisches System für ein modernes Zuhause

Die Verwaltung der elektrischen Last und das Hinzufügen neuer Stromkreise sind wesentliche Schritte bei der Modernisierung und Wartung eines sicheren, effizienten elektrischen Systems. Durch die korrekte Berechnung der Last und die Gewährleistung einer gleichmäßigen Stromverteilung auf die Stromkreise können Hausbesitzer die Gefahren einer Überlastung vermeiden und den Anforderungen moderner Geräte und Technologien gerecht werden.

KAPITEL 4: VERKABELUNGSMETHODEN FÜR MODERNE HÄUSER

In modernen Häusern verwendete Verkabelungsarten

Wenn es um die Verkabelung moderner Häuser geht, ist es wichtig, die verschiedenen verfügbaren Verkabelungsarten zu kennen, um Sicherheit, Effizienz und die Einhaltung der elektrischen Vorschriften zu gewährleisten. Die Wahl der Verkabelung wirkt sich nicht nur auf die Funktionalität Ihres elektrischen Systems aus, sondern auch auf dessen Sicherheit und Langlebigkeit. Hier werden wir drei gängige Verkabelungsarten untersuchen: nichtmetallisches (NM) ummanteltes Kabel (allgemein bekannt als Romex), gepanzertes Kabel und Leerrohrverkabelung. Wir werden auch besprechen, wie man die richtige Verkabelung für verschiedene Anwendungen auswählt.

Nichtmetallisches (NM) ummanteltes Kabel (Romex)

Nichtmetallisch ummantelte Kabel, oft als Romex (ein Markenname) bezeichnet, sind eine der beliebtesten Verkabelungsarten im Wohnungsbau. Sie bestehen aus zwei oder mehr isolierten Leitern, normalerweise aus Kupfer, die in einer flexiblen Kunststoffummantelung eingeschlossen sind.

Vorteile:

- **Einfach zu installieren:** Romex ist leicht und flexibel und lässt sich daher problemlos durch Wände und Decken verlegen.
- **Kostengünstig:** Im Allgemeinen sind NM-Kabel günstiger als andere Verkabelungsoptionen.
- **Vielseitig:** Geeignet für die meisten Anwendungen im Innenbereich, wie Beleuchtung, Steckdosen und allgemeine Stromverteilung.

Einschränkungen: Obwohl Romex für viele Anwendungen hervorragend geeignet ist, ist es nicht für nasse oder feuchte Standorte geeignet und muss vor physischen Schäden geschützt werden.

Gepanzertes Kabel (AC)

Panzerkabel, auch als BX- oder metallummantelte Kabel bekannt, bestehen aus isolierten Leitern, die von einer Metallummantelung umschlossen sind. Dies bietet zusätzlichen Schutz vor physischen Schäden und ist daher ideal für Umgebungen, in denen die Verkabelung Verschleiß ausgesetzt sein kann.

Vorteile:

- **Haltbarkeit:** Die Metallpanzerung schützt die Kabel vor Beschädigungen und macht das Produkt zu einer guten Wahl für Garagen, Keller und gewerbliche Umgebungen.
- **Erdung:** Der Metallmantel kann gleichzeitig als Erdungsleiter dienen, was die Sicherheit erhöht.

Einschränkungen: Panzerkabel sind schwerer und schwieriger zu verarbeiten als NM-Kabel und tendenziell teurer.

Leitungsverdrahtung

Bei der Rohrverkabelung werden elektrische Leitungen durch ein Schutzrohr (Rohr) aus Metall oder Kunststoff geführt. Es gibt zwei Haupttypen: starre Metallrohre (RMC) und flexible Rohre.

Vorteile:

- **Schutz:** Das Conduit bietet hervorragenden Schutz gegen physikalische Schäden und Umweltgefahren und ist daher für die Installation im Außenbereich und in feuchtigkeitsgefährdeten Bereichen geeignet.
- **Anpassungsfähigkeit:** Es ist einfach, Kabel in einem Kabelkanal hinzuzufügen oder zu ersetzen, ohne Wände aufzureißen.

Einschränkungen : Die Installation von Leitungen kann arbeitsintensiv sein und erfordert im Vergleich zu NM-Kabeln mehr Zeit und Material. Darüber hinaus ist es möglicherweise nicht so ästhetisch ansprechend, da es sichtbarer ist.

Auswahl der richtigen Verkabelung für unterschiedliche Anwendungen

Berücksichtigen Sie bei der Entscheidung, welche Art von Verkabelung Sie verwenden möchten, die folgenden Faktoren:

- **Standort** : Für trockene Innenanwendungen wie Wohn- oder Schlafzimmer reicht oft ein NM-Kabel aus. In Garagen oder Kellern, wo physische Schäden möglich sind, sind gepanzerte Kabel möglicherweise besser geeignet. Für Außeninstallationen oder feuchte Standorte wird eine Verkabelung in Leerrohren empfohlen.
- **Zweck** : Wenn Sie einen neuen Stromkreis für schwere Geräte wie eine Klimaanlage oder eine elektrische Heizung verlegen, sollten Sie für zusätzlichen Schutz die Verwendung von gepanzerten Kabeln oder Schutzrohren in Betracht ziehen.
- **Lokale Vorschriften:** Überprüfen Sie immer Ihre lokalen Bauvorschriften und Bestimmungen, da diese in verschiedenen Situationen spezifische Anforderungen an Verdrahtungstypen vorschreiben können.

Für jeden Hausbesitzer, Heimwerker oder professionellen Elektriker ist es wichtig, die verschiedenen verfügbaren Verkabelungsarten zu kennen. Nichtmetallische ummantelte Kabel, gepanzerte Kabel und Leerrohrverkabelung haben jeweils ihre eigenen Vorteile und Nachteile. Indem Sie den Standort, den Zweck und die geltenden Bauvorschriften prüfen, können Sie fundierte Entscheidungen treffen, die ein sicheres, effizientes und effektives elektrisches System in Ihrem Zuhause gewährleisten.

Elektrische Leitungen in Neubauten installieren: Schritt-für-Schritt-Anleitung

Die Installation der elektrischen Leitungen in einem Neubau ist eine entscheidende Phase beim Hausbau oder Umbau. Eine ordnungsgemäße Verkabelung gewährleistet die Sicherheit, Effizienz und Funktionalität aller elektrischen Systeme. Egal, ob Sie ein neues Haus verkabeln oder einen Raum hinzufügen, ein systematischer Ansatz ist unerlässlich. Hier finden Sie eine ausführliche Anleitung, die Ihnen dabei hilft, den Prozess zu meistern.

Schritt 1: Planung und Vorbereitung

Erstellen Sie vor Beginn der Installation einen umfassenden Verkabelungsplan. Identifizieren Sie die Standorte für Steckdosen, Schalter und Leuchten. Beachten Sie Folgendes:

- **Lastberechnung:** Bestimmen Sie die elektrische Last, die jeder Stromkreis tragen wird. Eine typische Regel ist, 1,5 Ampere für jede Steckdose und 180 Watt für Beleuchtungskörper zuzuweisen. Stellen Sie sicher, dass Sie die Gesamtlast des Stromkreises berücksichtigen.
- **Schaltplan:** Zeichnen Sie ein einfaches Diagramm Ihres Elektroplans und markieren Sie die Positionen der Steckdosen und Schaltkreise. Dies dient als Orientierung für Ihre Installation und stellt die Einhaltung der örtlichen Elektrovorschriften sicher.

Schritt 2: Werkzeuge und Materialien sammeln

Stellen Sie sicher, dass Sie über die erforderlichen Werkzeuge und Materialien verfügen, darunter:

> **Werkzeuge** : Drahtschneider, Abisolierzange, Spannungsprüfer, Bohrer, Bolzensucher und Einziehband zum Einziehen von Drähten.
> **Materialien** : Nichtmetallisches (NM) ummanteltes Kabel (Romex), Schaltkästen, Steckdosen, Schalter und Befestigungselemente.

Schritt 3: Verlegen von Kabeln in Wänden

1. **Bohrlöcher:** Verwenden Sie einen Balkenfinder, um Wandbalken zu lokalisieren und ihre Positionen zu markieren. Bohren Sie in der Mitte der Balken in der richtigen Höhe Löcher für die Verkabelung.
2. **Drähte ziehen:** Beginnen Sie mit dem Verlegen des NM-Kabels vom Schaltkasten. Schneiden Sie das Kabel auf die richtige Länge und lassen Sie etwas übrig für Anschlüsse. Führen Sie das Kabel durch die gebohrten Löcher und ziehen Sie es zu den vorgesehenen Stellen für Steckdosen und Schalter.
3. **Sichern Sie die Drähte:** Verwenden Sie Kabelklammern, um die Drähte an den Bolzen zu befestigen, und stellen Sie sicher, dass sie nicht eingeklemmt oder beschädigt werden. Halten Sie einen Abstand von 1,25 Zoll vom Rand des

Rahmens ein, um zu verhindern, dass Nägel das Kabel durchstechen.

Schritt 4: Verlegen von Kabeln in Böden und Decken

1. **Bodenverkabelung:** Wenn Sie Kabel in Böden verlegen, geschieht dies häufig während der Rahmenphase. Verwenden Sie die gleichen Methoden wie für Wände und bohren Sie durch Bodenbalken, um das NM-Kabel zu verlegen. Stellen Sie sicher, dass die Drähte gesichert sind und keine Isolierung berühren.
2. **Deckenverkabelung:** Bohren Sie bei Decken auf die gleiche Weise Löcher durch die Deckenbalken. Stellen Sie sicher, dass die Kabel mit Kabelklammern befestigt sind, und halten Sie die gleichen Sicherheitsabstände ein wie in Wänden.

Schritt 5: Steckdosen und Schalter anschließen

1. **Installieren Sie Schaltkästen:** Platzieren Sie Schaltkästen an den markierten Stellen für

Steckdosen und Schalter. Stellen Sie sicher, dass sie sicher und eben sind.
2. **Kabelverbindungen:** Isolieren Sie die Enden der Kabel ab und verbinden Sie sie mit den Steckdosen und Schaltern. Normalerweise wird das schwarze (stromführende) Kabel mit der Messingklemme verbunden, das weiße (neutrale) Kabel mit der Silberklemme und das grüne oder blanke Kabel (Erdung) mit der Erdungsklemme.
3. **Installation abschließen:** Sobald alle Verbindungen hergestellt sind, installieren Sie die Steckdosen und Schalter in ihren Dosen. Bringen Sie Blenden an, um die Installation abzuschließen.

Schritt 6: Testen der Installation

Nachdem Sie die Verkabelung abgeschlossen haben, schalten Sie den Schutzschalter ein und überprüfen Sie mit einem Spannungsprüfer, ob Steckdosen und Schalter ordnungsgemäß funktionieren. Testen Sie jede Steckdose, um sicherzustellen, dass sie richtig und sicher verkabelt ist.

Die Installation von elektrischen Leitungen in Neubauten erfordert sorgfältige Planung, präzise Ausführung und Einhaltung von Sicherheitsstandards. Wenn Sie dieser Schritt-für-Schritt-Anleitung folgen, können Sie Ihr neues Zuhause oder Ihren Anbau sicher verkabeln und so ein sicheres und effizientes elektrisches System gewährleisten. Denken Sie immer daran, die örtlichen Bauvorschriften zu beachten und bei Bedarf für komplexere Installationen einen zugelassenen Elektriker hinzuzuziehen.

Neuverkabelung bestehender Häuser

Die Neuverkabelung eines bestehenden Hauses kann eine gewaltige Aufgabe sein, insbesondere wenn das Haus älter ist. Viele ältere Häuser verfügen über veraltete elektrische Systeme, die möglicherweise nicht den heutigen Sicherheitsstandards entsprechen. Für Hausbesitzer, die ihre elektrischen Systeme modernisieren möchten, ist es wichtig, die Herausforderungen und richtigen Techniken für die Neuverkabelung zu verstehen. Hier werden wir häufige Herausforderungen bei der Neuverkabelung älterer Häuser und die sichere Entfernung veralteter

Verkabelung, wie z. B. Drehschaltersysteme, untersuchen.

Herausforderungen bei der Neuverkabelung älterer Häuser

1. **Veraltete Verkabelungssysteme:** Ältere Häuser verfügen oft über Verkabelungssysteme wie Drehschalter und Rohre, die im frühen 20. Jahrhundert üblich waren. Diese Systeme sind nicht geerdet, können Brandgefahren darstellen und können moderne elektrische Lasten möglicherweise nicht effektiv bewältigen. Der Austausch solcher Systeme erfordert sorgfältige Planung und Ausführung.
2. **Einhaltung von Vorschriften:** Die elektrischen Vorschriften haben sich im Laufe der Jahre erheblich weiterentwickelt. Bei einer Neuverkabelung ist es wichtig, sicherzustellen, dass die neue Installation den aktuellen örtlichen Vorschriften entspricht. Dies kann mehr erfordern als nur das Ersetzen von Kabeln. Möglicherweise müssen Sie Ihren Schaltschrank, Ihre Steckdosen und Schalter aufrüsten, um die Sicherheitsstandards zu erfüllen.
3. **Strukturelle Einschränkungen:** In älteren Häusern können die Wände aus schwer zu

verarbeitenden Materialien wie Gips und Latten bestehen . Dies kann die Verlegung neuer Leitungen erschweren und zu unerwarteten strukturellen Reparaturen führen.

4. **Versteckte Verkabelung und Hindernisse:** Wenn Sie mit bestehenden Strukturen arbeiten, können Sie auf versteckte Verkabelung, Rohrleitungen oder Strukturelemente stoßen, die Ihre Arbeit behindern können. Diese Unvorhersehbarkeit kann zu Verzögerungen und zusätzlichen Kosten führen.

5. **Genehmigungen und Inspektionen:** Für eine Neuverkabelung sind in der Regel Genehmigungen und Inspektionen erforderlich. Dieser Prozess kann zeitaufwändig sein und erfordert, dass Hausbesitzer eng mit den örtlichen Behörden zusammenarbeiten, um die Einhaltung der Vorschriften sicherzustellen.

Sichere Entfernung veralteter Verkabelung

Das sichere Entfernen veralteter Kabel ist entscheidend, um Gefahren wie Stromschläge oder Brände zu vermeiden. So geht es richtig:

1. **Strom abschalten :** Stellen Sie vor Beginn der Arbeiten sicher, dass der Stromkreis, den Sie neu verdrahten, am Hauptschaltkasten vollständig

abgeschaltet ist. Verwenden Sie einen Spannungsprüfer, um sicherzustellen, dass die Leitungen stromlos sind .

2. **Bewerten Sie die Verkabelung:** Identifizieren Sie die Art der Verkabelung, mit der Sie es zu tun haben. Beispielsweise besteht die Knauf- und Rohrverkabelung aus zwei isolierten Drähten, die durch Keramikknöpfe und -rohre verlaufen. Untersuchen Sie das System sorgfältig, um die beste Vorgehensweise zum Entfernen zu bestimmen .

3. **Verbindungen dokumentieren:** Machen Sie Fotos und Notizen von der bestehenden Verkabelung, bevor Sie diese entfernen. Diese Dokumentation hilft Ihnen zu verstehen, wie Sie das System nach dem Entfernen der alten Verkabelung richtig neu verkabeln.

4. **Entfernen der Knopf-und-Rohr-Verkabelung:**
   - ❖ **Schneiden Sie die Drähte ab:** Beginnen Sie damit, die Drähte an den Verbindungspunkten abzuschneiden. Gehen Sie dabei vorsichtig vor, um eine Beschädigung der umliegenden Materialien zu vermeiden.
   - ❖ **Von Anschlussdosen trennen:** Schrauben Sie die alte Verkabelung von

Anschlussdosen ab und entfernen Sie sie. Beachten Sie dabei die Sicherheitsvorkehrungen, um Verletzungen zu vermeiden.

- ❖ **Knöpfe und Rohre entfernen:** Hebeln Sie die Keramikknöpfe vorsichtig ab und ziehen Sie die Rohre heraus. Gehen Sie beim Entfernen dieser Komponenten vorsichtig vor, um Schäden an Wänden und Decken zu vermeiden.

5. **Alte Kabel entsorgen:** Alte Kabel und Materialien müssen ordnungsgemäß und gemäß den örtlichen Vorschriften entsorgt werden. In vielen Regionen gelten spezielle Richtlinien für die Entsorgung von Elektroschrott.
6. **Bereiten Sie sich auf die neue Verkabelung vor:** Nachdem die alte Verkabelung entfernt wurde, prüfen Sie den Bereich auf etwaige Schäden und nehmen Sie die erforderlichen Reparaturen vor, bevor Sie mit der Installation der neuen Verkabelung fortfahren.

Die Neuverkabelung eines bestehenden Hauses stellt mehrere Herausforderungen dar, insbesondere bei veralteten Systemen wie

Drehschaltern und Rohrverkabelungen. Mit sorgfältiger Planung, Beachtung der Sicherheit und Einhaltung der örtlichen Vorschriften können Hausbesitzer diesen Prozess jedoch erfolgreich meistern. Indem Sie die sichere Entfernung alter Verkabelung sicherstellen, legen Sie den Grundstein für ein modernes elektrisches System, das die Sicherheit und Funktionalität Ihres Hauses verbessert. Ziehen Sie immer in Betracht, einen zugelassenen Elektriker zu konsultieren, der Sie bei der Durchführung komplexer Neuverkabelungsprojekte anleitet und über Fachwissen verfügt.

Verdrahtung für spezielle Schaltkreise

Die Verkabelung spezieller Stromkreise ist ein kritischer Aspekt moderner Elektroinstallationen, insbesondere bei Geräten mit hoher Belastung wie Öfen, Warmwasserbereitern und HLK-Systemen. Diese Geräte benötigen für einen sicheren und effizienten Betrieb spezielle Stromkreise, die sicherstellen, dass sie die richtige Spannung und Stromstärke erhalten. In diesem Handbuch wird die Bedeutung der ordnungsgemäßen Verkabelung dieser Geräte erläutert und wichtige Überlegungen für Hausbesitzer und Heimwerker dargelegt.

Grundlegendes zu Geräten mit hoher Belastung

Hochlastgeräte sind Geräte, die große Mengen Strom verbrauchen und häufig die Kapazität normaler Haushaltsstromkreise überschreiten. Typische Hochlastgeräte sind:

- ❖ **Backöfen:** Elektrobacköfen können je nach Größe und Ausstattung zwischen 20 und 50 Ampere verbrauchen.
- ❖ **Warmwasserbereiter:** Diese Geräte benötigen für eine effektive Heizung oft Stromkreise, die 30 bis 50 Ampere bewältigen können.
- ❖ **HVAC-Systeme:** Zentrale Heiz- und Kühlsysteme können einen erheblichen Stromverbrauch haben, der je nach Gerätegröße und Effizienz normalerweise zwischen 15 und 60 Ampere liegt.

Warum dedizierte Schaltkreise erforderlich sind

1. **Überlastung vermeiden:** Geräte mit hoher Belastung benötigen eigene Stromkreise, um eine

Überlastung des elektrischen Systems zu verhindern. Ein überlasteter Stromkreis kann Sicherungen auslösen oder elektrische Brände verursachen, was ernsthafte Sicherheitsrisiken birgt.

2. **Sorgen Sie für optimale Leistung:** Spezielle Schaltkreise sorgen für eine konstante und zuverlässige Stromversorgung, sodass auch stark beanspruchte Geräte effizient funktionieren. Unzureichende Stromversorgung kann zu schlechter Leistung und erhöhtem Verschleiß des Geräts führen.

3. **Erfüllen Sie die Vorschriften:** Elektrische Vorschriften schreiben oft vor, dass bestimmte Hochlastgeräte an dedizierte Stromkreise angeschlossen werden müssen. Die Einhaltung dieser Richtlinien sorgt nicht nur für Sicherheit, sondern hilft Ihnen auch, potenzielle rechtliche Probleme zu vermeiden.

Schritte zur ordnungsgemäßen Verdrahtung von Hochlastgeräten

1. **Berechnen Sie die Last:** Bestimmen Sie vor der Installation eines Schaltkreises den Lastbedarf des Geräts. Diesen finden Sie

normalerweise im Benutzerhandbuch. Verwenden Sie die Formel:

$$Amps = \frac{Watts}{Volts}$$

Beispielsweise würde ein 4000-Watt-Ofen, der an einem 240-Volt-Stromkreis betrieben wird, Folgendes verbrauchen:

$$Amps = \frac{4000\ Watts}{240\ Volts} \approx 16.67\ Amps$$

Runden Sie immer auf, um sicherzustellen, dass Sie über ausreichend Kapazität verfügen.

2. Wählen Sie den richtigen Schutzschalter: Wählen Sie einen Schutzschalter, der den Stromanforderungen des Geräts entspricht. Wenn ein Ofen beispielsweise 20 Ampere benötigt, sollte ein 20-Ampere-Schutzschalter installiert werden.

3. Verwenden Sie geeignete Kabelgrößen:
Die Kabelstärke muss für die Stromstärke des Stromkreises geeignet sein. Beispiel:
- Verwenden Sie für Stromkreise bis zu 20 Ampere Kabel der Stärke 12.
- Verwenden Sie für Stromkreise bis zu 30 Ampere Kabel der Stärke 10.
- Verwenden Sie für Stromkreise bis zu 40 Ampere Kabel der Stärke 8.

Zur Orientierung müssen Sie unbedingt den National Electrical Code (NEC) oder lokale Vorschriften zu Rate ziehen.

4. **Installieren Sie eine dedizierte Steckdose:** Installieren Sie eine dedizierte Steckdose, die den Spezifikationen des Hochlastgeräts entspricht. Beispielsweise ist für einen Elektroherd eine 240-Volt-Steckdose erforderlich, die normalerweise eine andere Steckerkonfiguration hat.

5. **Beachten Sie die Sicherheitsvorkehrungen:** Schalten Sie vor Beginn von Verkabelungsarbeiten immer den Hauptschalter aus. Verwenden Sie persönliche Schutzausrüstung (PSA) wie Handschuhe und Schutzbrille.

6. **Testen Sie den Stromkreis:** Testen Sie den Stromkreis nach der Installation mit einem Spannungsprüfer, um sicherzustellen, dass er ordnungsgemäß und sicher funktioniert.

Die Verkabelung spezieller Stromkreise für Hochlastgeräte ist für die Gewährleistung von Sicherheit, Effizienz und Einhaltung der Elektrovorschriften unerlässlich. Wenn Hausbesitzer die Anforderungen für Öfen,

Warmwasserbereiter und HLK-Systeme kennen, können sie fundierte Entscheidungen über ihre Elektroinstallationen treffen. Egal, ob Sie Heimwerker sind oder einen Fachmann beauftragen, eine ordnungsgemäße Planung und Ausführung führt zu einem sichereren und zuverlässigeren elektrischen System in Ihrem Haus. Wenden Sie sich immer an einen zugelassenen Elektriker, wenn Sie sich über einen Aspekt der Verkabelung für Hochlastgeräte nicht sicher sind.

KAPITEL 5: INSTALLATION VON SCHALTERN, STECKDOSEN UND LEUCHTEN

Schaltertypen und ihre Funktionen

Schalter sind die am häufigsten verwendeten Geräte in elektrischen Systemen im Haushalt. Sie steuern den Stromfluss zu Lichtern, Haushaltsgeräten und anderen elektrischen Geräten und ermöglichen Ihnen das einfache Ein- und Ausschalten von Dingen. Das Verständnis der verschiedenen Schaltertypen und ihrer Funktionen ist wichtig, egal ob Sie neue Schalter installieren oder alte aufrüsten. In diesem Handbuch untersuchen wir drei gängige Schaltertypen – Einpol-, Dreiweg- und Dimmerschalter – und bieten eine Schritt-für-Schritt-Anleitung für deren Installation.

Die verschiedenen Switch-Typen

Einpoliger Schalter

Der einpolige Schalter ist der einfachste und am weitesten verbreitete Schaltertyp. Er steuert eine Lampe oder ein elektrisches Gerät von einem einzigen Standort aus. Er hat zwei Anschlüsse (Schrauben), die mit dem „heißen" Kabel verbunden sind, und einen Erdungsanschluss. Wenn Sie den Schalter umlegen, öffnen oder schließen Sie den Stromkreis, damit Strom fließen kann.

> **Häufige Verwendung:** Beleuchtung in Schlafzimmern, Wohnzimmern und anderen Räumen mit einem Eingang.
> **Symbol im Schaltplan:** Es wird durch ein einfaches Schaltersymbol mit den Beschriftungen „EIN" und „AUS" dargestellt.

Dreiwegeschalter

Ein Dreiwegeschalter ermöglicht die Steuerung einer Lampe oder eines elektrischen Geräts von zwei verschiedenen Standorten aus. Dieser Schalter wird häufig in Räumen mit mehreren Eingängen verwendet, beispielsweise in Treppenhäusern oder langen Fluren. Dreiwegeschalter haben keine Beschriftungen für „Ein" oder „Aus", da ihre

Positionen vom Zustand der angeschlossenen Schalter abhängen.

> **Häufige Verwendungszwecke:** Flure, Treppenhäuser oder große Räume mit mehreren Eingängen.
> **Symbol im Schaltplan:** Das Symbol zeigt zwei Schalter, die an eine einzelne Last (Licht) angeschlossen sind, sich aber je nach Konfiguration entweder in der Position „Ein" oder „Aus" befinden können.

Dimmerschalter
Mit einem Dimmer können Sie die Helligkeit von Lichtern anpassen, anstatt sie einfach ein- oder auszuschalten. Sie eignen sich hervorragend, um stimmungsvolles Licht zu erzeugen und Energie zu sparen, indem sie die Lichtleistung reduzieren, wenn die volle Helligkeit nicht erforderlich ist.

> **Häufige Verwendungszwecke:** Wohnzimmer, Esszimmer und Schlafzimmer, in denen eine einstellbare Beleuchtung erwünscht ist.

➢ **Symbol im Schaltplan:** Eine Linie mit einem variablen Widerstandssymbol, das angibt, dass der Widerstand angepasst werden kann, um das Licht zu dimmen.

Schritt-für-Schritt-Anleitung zur Installation von Switches

1. Installation eines einpoligen Schalters

Erforderliche Werkzeuge:

- ➢ Schraubendreher
- ➢ Spannungsprüfer
- ➢ Abisolierzangen
- ➢ Isolierband

Materialien:

- ➢ Einpoliger Schalter
- ➢ Schaltkasten
- ➢ Drahtmuttern

Schritte:

1. **Strom abschalten:** Bevor Sie beginnen, schalten Sie den Strom am Leistungsschalter ab.

Verwenden Sie einen Spannungsprüfer, um sicherzustellen, dass kein Strom durch die Leitungen fließt.
2. **Den alten Schalter entfernen:** Schrauben Sie die Blende ab und entfernen Sie den alten Schalter, indem Sie die Schrauben an den Schalterklemmen lösen. Beachten Sie, wie die Drähte angeschlossen sind.
3. **Schließen Sie die Kabel an:** Es gibt drei Kabel: schwarz (stromführend), weiß (neutral) und grün oder blankes Kupfer (Erde). Schließen Sie das schwarze Kabel an eine der Messingklemmen am Schalter an, das weiße Kabel sollte mit der entsprechenden Klemme im Schaltkasten verbunden werden und das Erdungskabel wird mit der Erdungsklemme verbunden.
4. **Befestigen Sie den Schalter:** Schrauben Sie den Schalter in den Schaltkasten und befestigen Sie die Blende.
5. **Stromversorgung wiederherstellen und testen:** Schalten Sie die Stromversorgung am Leistungsschalter wieder ein und testen Sie den Schalter, um sicherzustellen, dass er ordnungsgemäß funktioniert.

2. Installation eines Dreiwegeschalters

Werkzeuge und Materialien:

Wie bei der Installation eines einpoligen Schalters, zusätzlich:

➢ Zwei Dreiwegeschalter

Schritte:

1. **Strom abschalten:** Stellen Sie erneut sicher, dass der Stromkreis am Unterbrecher ausgeschaltet ist.
2. **Entfernen Sie die alten Schalter:** Schrauben Sie die Frontplatten und Schalter ab und achten Sie dabei genau darauf, welches Kabel mit welchem Anschluss (gemeinsam, Traveller oder Erde) verbunden ist.
3. **Verbinden Sie die Drähte:** Sie haben drei Drähte – einen gemeinsamen Draht (normalerweise schwarz), zwei Wanderdrähte (oft rot und schwarz) und einen Erdungsdraht. Verbinden Sie den gemeinsamen Draht mit der dunkel gefärbten Schraube, die Wanderdrähte mit den messingfarbenen Schrauben und den Erdungsdraht mit der grünen Klemme.

4. **Installieren Sie den zweiten Schalter:** Der zweite Dreiwegeschalter wird auf die gleiche Weise mit identischen Kabelverbindungen installiert.
5. **Testen Sie die Schalter:** Schalten Sie den Strom wieder ein und testen Sie beide Schalter, um sicherzustellen, dass sie das Licht von beiden Standorten aus ordnungsgemäß steuern.

3. Installation des Dimmerschalters

Werkzeuge und Materialien:

Wie oben, plus:

➢ Dimmschalter, der mit dem Typ der Leuchte kompatibel ist

Schritte:

1. **Strom abschalten:** Schalten Sie den Strom stets am Leistungsschalter ab und überprüfen Sie ihn mit einem Spannungsprüfer.
2. **Entfernen Sie den alten Schalter:** Schrauben Sie die Frontplatte und den alten Schalter ab und entfernen Sie sie. Achten Sie dabei auf die Kabelverbindungen.

3. **Schließen Sie den Dimmer an:** Dimmerschalter haben normalerweise schwarze, weiße und grüne Kabel. Schließen Sie das schwarze Kabel des Dimmers an das schwarze (stromführende) Kabel im Schaltkasten an. Das weiße Kabel wird mit dem Neutralleiter und das grüne Kabel mit dem Erdungskabel verbunden.
4. **Montieren Sie den Dimmer:** Sobald alle Kabel angeschlossen sind, schrauben Sie den Dimmerschalter fest und befestigen Sie die Blende.
5. **Testen Sie den Dimmer:** Testen Sie nach der Wiederherstellung der Stromversorgung den Dimmerschalter, um sicherzustellen, dass er die Lichthelligkeit richtig einstellt.

Das Verstehen und Installieren verschiedener Schaltertypen kann sowohl die Funktionalität als auch den Komfort Ihres Zuhauses verbessern. Ob Sie einen einfachen einpoligen Schalter installieren, Dreiwegeschalter einrichten, um die Beleuchtung von mehreren Standorten aus zu steuern, oder auf einen Dimmerschalter für einstellbare Beleuchtung umsteigen, jeder hat seine eigenen Vorteile und einen spezifischen Installationsprozess. Wenn Sie diese Schritt-für-Schritt-Anleitung befolgen, stellen

Sie sicher, dass Ihr elektrisches System sicher, effizient und Ihren Anforderungen entsprechend ist. Wenn Sie sich jemals unsicher sind, ist es immer die sicherste Option, einen zugelassenen Elektriker zu konsultieren.

Installation von Steckdosen

Steckdosen, auch Steckdosen genannt, sind ein wichtiger Bestandteil der elektrischen Anlage eines jeden Hauses. Sie versorgen Haushaltsgeräte, Lampen und andere Geräte in jedem Raum mit Strom. Am gebräuchlichsten sind Standardsteckdosen, aber aufgrund ihrer Sicherheitsfunktionen und Benutzerfreundlichkeit werden auch Steckdosen mit Fehlerstromschutzschalter (GFCI) und USB-Steckdosen immer beliebter. Diese Anleitung hilft Ihnen, die verschiedenen Arten von Steckdosen zu verstehen und bietet eine Schritt-für-Schritt-Anleitung für die sichere Installation in Küchen, Badezimmern und Wohnräumen.

Arten von Verkaufsstellen

Standardsteckdosen (120 V)
Standardsteckdosen sind die einfachen zwei- oder dreipoligen Steckdosen, die man in den meisten Haushalten findet. Diese Steckdosen haben normalerweise eine Nennspannung von 120 Volt und werden zum Betreiben einer Vielzahl von Geräten verwendet, von Lampen bis hin zu Fernsehgeräten. Eine Standardsteckdose hat zwei vertikale Schlitze und ein Erdungsloch . Der stromführende Draht (normalerweise schwarz) wird mit einem Schlitz verbunden, der Neutralleiter (normalerweise weiß) mit dem anderen Schlitz und der Erdungsdraht (grün oder blankes Kupfer) mit dem Erdungsloch.

> **Häufige Verwendungszwecke:** Wohnzimmer, Schlafzimmer, Büros.
> **Sicherheitshinweis:** Diese Steckdosen sind für den allgemeinen Gebrauch sicher, sollten jedoch nicht ohne zusätzlichen Schutz in Bereichen mit hoher Feuchtigkeit, wie Badezimmern oder Küchen, installiert werden.

GFCI-Steckdosen (Fehlerstrom-Schutzschalter)
GFCI-Steckdosen sind so konzipiert, dass sie Sie in nassen oder feuchten Bereichen vor Stromschlägen

schützen. Diese Steckdosen erkennen, wenn sich der elektrische Strom ändert, und schalten den Strom ab, um einen Stromschlag zu verhindern. GFCI-Steckdosen sind in Küchen, Badezimmern, Waschküchen, Garagen und Außenbereichen gesetzlich vorgeschrieben. Sie verfügen über eine „Test"- und „Reset"-Taste zur manuellen Steuerung.

- **Häufige Verwendung:** Küchen, Badezimmer, Außenbereiche.
- **Sicherheitshinweis:** Diese Steckdosen dienen der Sicherheit und unterbrechen die Stromzufuhr, wenn sie Feuchtigkeit oder einen Erdschluss erkennen.

USB-Anschlüsse
USB-Steckdosen kombinieren die Funktionalität einer Standardsteckdose mit integrierten USB-Ladeanschlüssen. Diese Steckdosen sind ideal zum Laden von Smartphones, Tablets und anderen Geräten ohne Adapter. Sie verfügen normalerweise zusätzlich zu den herkömmlichen Steckern mit zwei oder drei Stiften über zwei USB-Anschlüsse.

> **Häufige Verwendungszwecke:** Schlafzimmer, Büros, Wohnzimmer und Bereiche, in denen Geräte häufig aufgeladen werden.
> **Sicherheitshinweis:** Diese Steckdosen sind zwar genauso sicher wie Standardsteckdosen, sie sollten jedoch dennoch in trockenen Bereichen installiert werden, sofern sie nicht mit FI-Schutzschaltern kombiniert werden.

Schrittweise Installation von Steckdosen

Bei der Installation von Steckdosen sollte die Sicherheit immer oberste Priorität haben. Die folgenden Schritte beschreiben, wie Sie Steckdosen in verschiedenen Bereichen Ihres Zuhauses, einschließlich Küchen, Badezimmern und Wohnräumen, sicher installieren.

Werkzeuge und Materialien:

- Spannungsprüfer
- Schraubendreher
- Abisolierzangen
- Isolierband
- Neue Steckdose (Standard, GFCI oder USB)

- ➢ Drahtmuttern
- ➢ Schaltkasten

1. Schalten Sie den Strom aus

Bevor Sie mit Elektroarbeiten beginnen, schalten Sie den Strom am Leistungsschalter aus. Verwenden Sie einen Spannungsprüfer, um sicherzustellen, dass die Steckdose vollständig stromlos ist. Dieser Schritt ist für Ihre Sicherheit von entscheidender Bedeutung.

2. Entfernen Sie die alte Steckdose

Schrauben Sie die Blende ab, die die alte Steckdose bedeckt. Schrauben Sie als Nächstes die Steckdose selbst ab und ziehen Sie sie vorsichtig aus dem Schaltkasten. Verwenden Sie den Spannungsprüfer erneut, um zu überprüfen, dass kein Strom durch die Kabel fließt. Trennen Sie die Kabel, indem Sie die Schrauben lösen, mit denen sie befestigt sind.

3. Identifizieren der Drähte

In den meisten Haushalten sind drei Arten von Kabeln an die Steckdose angeschlossen:

- ➢ **Schwarz (heiß):** Dieses Kabel leitet den elektrischen Strom.

> **Weiß (neutral):** Dieses Kabel schließt den Stromkreis und führt den Strom zurück.
> **Grünes oder blankes Kupfer (Erde):** Dieses Kabel bietet im Fehlerfall einen sicheren Pfad für den Strom.

Stellen Sie sicher, dass die Kabel richtig gekennzeichnet sind, insbesondere bei der Installation von GFCI- oder USB-Steckdosen, bei denen möglicherweise zusätzliche Schritte erforderlich sind.

4. Bereiten Sie die neue Steckdose vor

Wenn Sie eine Standardsteckdose installieren, verbinden Sie das schwarze Kabel mit der Messingschraube (stromführender Anschluss), das weiße Kabel mit der silbernen Schraube (neutraler Anschluss) und das grüne oder blanke Kupferkabel mit der grünen Schraube (Erdungsanschluss). Gehen Sie bei GFCI-Steckdosen genauso vor, achten Sie jedoch auf die Anschlüsse „Leitung" und „Last", die auf der Steckdose beschriftet sind. Die „Leitung" wird mit der eingehenden Stromquelle verbunden, während die „Last" mit nachgeschalteten Steckdosen oder Geräten verbunden wird. Verbinden Sie bei USB-Steckdosen die Kabel wie bei einer Standardsteckdose.

5. Sichern Sie die Drähte

Nachdem Sie die Drähte an der neuen Steckdose befestigt haben, schieben Sie sie vorsichtig zurück in den Verteilerkasten. Stellen Sie sicher, dass keine Drähte freiliegen und alles sicher ist. Ziehen Sie die Schrauben fest, um die Steckdose an ihrem Platz zu halten.

6. Testen Sie die Steckdose

Sobald die Steckdose installiert ist, schalten Sie den Strom am Leistungsschalter wieder ein. Überprüfen Sie mit Ihrem Spannungsprüfer, ob die Steckdose Strom erhält. Drücken Sie bei GFCI-Steckdosen die Tasten „Test" und „Reset", um sicherzustellen, dass die Sicherheitsfunktionen ordnungsgemäß funktionieren.

7. Installieren der Frontplatte

Schrauben Sie die Blende wieder an und achten Sie darauf, dass sie fest um die Steckdose passt. Dieser letzte Schritt schützt die Steckdose und verleiht ihr ein vollendetes Aussehen.

Installieren von Steckdosen in bestimmten Bereichen

Küchen:
Küchen benötigen FI-Schutzschalter, da sie Wasser und Feuchtigkeit ausgesetzt sein können. Wenn Sie Steckdosen in der Nähe von Arbeitsplatten oder Spülbecken installieren, verwenden Sie zum Schutz immer FI-Schutzschalter.

Badezimmer:
Wie Küchen sind Badezimmer Bereiche mit hoher Feuchtigkeit, in denen FI-Schutzschalter erforderlich sind. Installieren Sie sie in der Nähe von Waschtischen, Waschbecken und anderen Bereichen, in denen Wasser vorhanden sein könnte.

Wohnräume:
In Wohnräumen, Schlafzimmern und anderen trockenen Bereichen reichen in der Regel Standardsteckdosen oder USB-Anschlüsse aus. USB-Anschlüsse eignen sich hervorragend für Räume, in denen häufig Geräte aufgeladen werden müssen.

Die Installation von Steckdosen ist ein grundlegender Teil der Hausverkabelung und -renovierung, egal ob Sie auf sicherere GFCI-Steckdosen umsteigen, den Komfort von USB-Anschlüssen hinzufügen oder einfach eine alte Standardsteckdose ersetzen. Wenn Sie diese Schritte befolgen, stellen Sie sicher, dass Ihre Installation sicher, effizient und den Vorschriften entsprechend ist. Wenn Sie zu irgendeinem Zeitpunkt unsicher sind, wenden Sie sich an einen zugelassenen Elektriker, um mögliche Gefahren zu vermeiden.

Installieren und Ersetzen von Leuchten

Beleuchtungskörper spielen eine entscheidende Rolle für die Funktionalität und Ästhetik eines Hauses. Egal, ob Sie neue Deckenleuchten oder Einbauleuchten installieren oder auf energieeffiziente LED-Leuchten umsteigen, das Verständnis der richtigen Installationstechniken ist der Schlüssel zur Gewährleistung von Sicherheit und Haltbarkeit. In diesem Handbuch führen wir Sie durch die verschiedenen Arten von Beleuchtungskörpern, zeigen Ihnen, wie Sie diese an Wandschalter anschließen, und geben Ihnen

Schritt-für-Schritt-Anweisungen für einen sicheren und effizienten Installations- oder Austauschprozess.

Arten von Beleuchtungskörpern

Deckenleuchten

Deckenleuchten sind die häufigste Art der Haushaltsbeleuchtung. Dazu gehören Kronleuchter, Pendelleuchten und bündige oder halbbündige Leuchten. Sie sorgen für die allgemeine Beleuchtung eines Raums und sind oft ein Blickfang in Wohnzimmern, Esszimmern und Schlafzimmern. Beim Installieren oder Ersetzen einer Deckenleuchte ist es wichtig, die Größe und das Gewicht der Leuchte sowie die Tragstruktur des Schaltkastens zu berücksichtigen.

- **Häufige Verwendungszwecke:** Wohnzimmer, Esszimmer, Schlafzimmer.
- **Vorteile:** Einfach zu installieren, große Stilvielfalt, sorgt für Allgemeinbeleuchtung.

Einbauleuchten

Einbauleuchten, auch als „Einbauleuchten " oder „Downlights" bekannt, werden in die Decke eingebaut und sorgen für einen klaren, minimalistischen Look. Diese Leuchten eignen sich perfekt für Räume, in denen Sie eine gleichmäßige Lichtverteilung erzielen oder bestimmte Bereiche hervorheben möchten, wie etwa in Küchen, Fluren oder Badezimmern. Einbauleuchten erfordern etwas mehr Installationsaufwand, da dafür Löcher in die Decke geschnitten und Kabel durch Dachböden oder hinter Wänden verlegt werden müssen.

- **Häufige Verwendung:** Küchen, Flure, Badezimmer und Räume mit niedrigen Decken.
- **Vorteile:** Platzsparend, elegantes Aussehen, ideal als Arbeits- oder Akzentbeleuchtung.

LED-Leuchten

LED-Leuchten erfreuen sich aufgrund ihrer Energieeffizienz, Langlebigkeit und Umweltfreundlichkeit wachsender Beliebtheit. LEDs verbrauchen im Vergleich zu herkömmlichen Glüh- oder Leuchtstofflampen nur einen Bruchteil der Energie und halten deutlich länger. LED-Leuchten gibt es in verschiedenen Formen, darunter auch deckenmontierte und versenkte Varianten, und sie sind in verschiedenen Farbtemperaturen erhältlich, von warmem bis zu kaltem Licht.

- **Häufige Verwendung:** Überall im Haus, insbesondere in Bereichen, in denen Energieeffizienz Priorität hat.
- **Vorteile:** Langlebig, energieeffizient, in verschiedenen Stilen und Farben erhältlich.

Verkabelung von Leuchten mit Wandschaltern

Das Verstehen, wie man Leuchten an Wandschalter anschließt, ist ein wesentlicher Teil des Installationsvorgangs. In diesem Abschnitt werden die Grundlagen des Anschlusses der Verkabelung von der Leuchte an den Schalter, der sie steuert, behandelt.

Benötigte grundlegende Werkzeuge und Materialien:

- Spannungsprüfer
- Schraubendreher (Schlitz- und Kreuzschlitzschraubendreher)
- Drahtmuttern
- Abisolierzangen
- Isolierband
- Neue Leuchte
- Leiter (für Deckenmontage)

1. Schalten Sie den Strom aus

Schalten Sie vor der Arbeit an elektrischen Anlagen immer den Strom am Leistungsschalter aus. Verwenden Sie einen Spannungsprüfer, um zu überprüfen, ob der Stromkreis, an dem Sie arbeiten, ausgeschaltet ist.

2. Entfernen Sie die alte Vorrichtung

Wenn Sie eine alte Leuchte ersetzen, schrauben Sie diese zunächst von der Decke oder Wand ab und ziehen Sie sie vorsichtig nach unten, um die Verkabelung freizulegen. Verwenden Sie erneut den Spannungstester, um sicherzustellen, dass kein Strom durch die Kabel fließt. Wenn dies bestätigt ist, trennen Sie die Kabel, indem Sie die

Kabelmuttern abschrauben, die die Leuchte mit der Verkabelung des Hauses verbinden.

3. Identifizieren der Drähte

Normalerweise finden Sie drei Drähte:

> - **Schwarz (heiß):** Leitet den Strom vom Schalter zur Leuchte.
> - **Weiß (neutral):** Gibt den Strom an den Schaltkreis zurück.
> - **Grünes oder blankes Kupfer (Erde):** Bietet im Fehlerfall einen sicheren Pfad für Elektrizität.

Wenn Sie eine neue Leuchte installieren, achten Sie darauf, dass die Verkabelung der Leuchte mit der Hausverkabelung übereinstimmt. Viele moderne Leuchten, insbesondere LED-Leuchten, haben möglicherweise Kabel in verschiedenen Farben. Lesen Sie daher zur Klärung das Handbuch der Leuchte.

4. Bereiten Sie das neue Gerät vor

Wenn Sie eine Deckenleuchte oder eine Einbauleuchte installieren, stellen Sie sicher, dass der Schaltkasten sicher an der Decke befestigt ist. Stellen Sie bei schwereren Leuchten sicher, dass der Schaltkasten für das Gewicht ausgelegt ist.

Montieren Sie die Leuchte gemäß den Anweisungen des Herstellers, aber warten Sie mit der Befestigung an der Decke, bis die Verkabelung abgeschlossen ist.

5. Verbinden Sie die Drähte

Beginnen Sie mit dem Verbinden der Erdungskabel: Verdrillen Sie das grüne oder blanke Kupferkabel der Hausverkabelung mit dem Erdungskabel der Leuchte. Verbinden Sie als Nächstes die weißen (neutralen) Kabel miteinander und sichern Sie sie mit einer Drahtmutter. Verbinden Sie zum Schluss die schwarzen (stromführenden) Kabel auf die gleiche Weise. Wenn alle Verbindungen hergestellt sind, wickeln Sie die Drahtmuttern mit Isolierband ein und sichern Sie die Kabel an ihrem Platz. Dies verhindert, dass sich die Kabel mit der Zeit lösen.

6. Sichern Sie die Vorrichtung

Sobald die Verkabelung abgeschlossen ist, schieben Sie die Drähte vorsichtig zurück in den Schaltkasten. Befestigen Sie die neue Leuchte gemäß den Anweisungen des Herstellers an der Decke oder Wand. Bei Einbauleuchten kann dies bedeuten, dass das Leuchtengehäuse in die Decke eingerastet werden muss. Bei Deckenleuchten schrauben Sie den Sockel oder die Montageplatte fest.

7. Installieren Sie die Glühbirnen

Nachdem Sie die Leuchte befestigt haben, installieren Sie die passenden Glühbirnen. Wenn Sie LED-Leuchten verwenden, achten Sie darauf, dass die Wattzahl der Glühbirne der Empfehlung der Leuchte entspricht. LED-Glühbirnen sind besonders energieeffizient und geben weniger Wärme ab, was sie zu einer großartigen Option für moderne Beleuchtung macht.

8. Schalten Sie den Strom wieder ein

Nachdem die Leuchte installiert wurde, schalten Sie den Strom am Leistungsschalter wieder ein. Testen Sie das Licht, indem Sie den Schalter umlegen, um sicherzustellen, dass alles richtig funktioniert. Wenn das Licht nicht angeht, schalten Sie den Strom wieder aus und überprüfen Sie Ihre Kabelverbindungen noch einmal.

Besondere Überlegungen für Räume

1. Deckenleuchten im Wohnbereich:

Wenn Sie Deckenleuchten in Wohn- oder Schlafzimmern installieren, sollten Sie die Größe des Raums berücksichtigen. Ein größerer Raum erfordert möglicherweise mehrere Lichtquellen oder eine größere Leuchte, um eine ausreichende Beleuchtung zu gewährleisten.

2. Einbauleuchten in Küchen und Bädern:

In Küchen und Badezimmern werden Einbauleuchten häufig als Arbeitsbeleuchtung verwendet. Installieren Sie diese Leuchten über Arbeitsbereichen wie Arbeitsplatten, Herden und Spülbecken, um eine optimale Beleuchtung zu gewährleisten.

3. LED-Beleuchtung für Energieeffizienz:

Erwägen Sie die Installation von LED-Leuchten in Ihrem gesamten Haus, um Ihre Energiekosten zu senken. LEDs sind besonders in stark beanspruchten Bereichen wie Küchen, Wohnzimmern und Fluren von Vorteil, in denen das Licht häufig eingeschaltet bleibt.

Das Installie

ren und Ersetzen von Beleuchtungskörpern ist ein relativ unkomplizierter Vorgang, der die

Beleuchtung und Atmosphäre in Ihrem Zuhause drastisch verbessern kann. Egal, ob Sie alte Leuchten erneuern, Einbauleuchten für einen eleganten Look hinzufügen oder auf energieeffiziente LED-Leuchten umsteigen, das Befolgen dieser einfachen Schritte gewährleistet eine sichere und erfolgreiche Installation. Achten Sie immer auf die Sicherheit, indem Sie den Strom abschalten, Ihre Anschlüsse doppelt überprüfen und einen Fachmann zu Rate ziehen, wenn Sie sich bei einem Teil des Vorgangs nicht sicher sind.

KAPITEL 6: UMGESTALTUNG UND MODERNISIERUNG IHRES ELEKTRISCHEN SYSTEMS

Bewerten, wann Sie Ihr elektrisches System aufrüsten sollten

Das elektrische System Ihres Hauses ist für die Stromversorgung alltäglicher Geräte, Beleuchtung und moderner Technologie unerlässlich. Wie jedes andere System in Ihrem Haus kann es jedoch mit der Zeit veraltet oder überlastet sein. Die Modernisierung Ihres elektrischen Systems ist nicht nur wichtig, um die Sicherheit aufrechtzuerhalten, sondern auch, um die Effizienz zu verbessern und den Anforderungen des modernen Lebens gerecht zu werden. Hier erfahren Sie, wie Sie erkennen, wann es Zeit für eine Modernisierung ist und warum dies so wichtig ist.

Anzeichen für veraltete oder überlastete Verkabelungssysteme erkennen

1. Häufiges Auslösen des Leistungsschalters

Wenn Ihr Leistungsschalter häufig auslöst, kann dies ein Hinweis darauf sein, dass Ihr elektrisches System mit der Nachfrage nicht Schritt halten kann. Leistungsschalter sind so konzipiert, dass sie den Strom abschalten, wenn die elektrische Last einen sicheren Grenzwert überschreitet, und so Ihr Zuhause vor elektrischen Bränden schützen. Häufige Auslösungen deuten darauf hin, dass Ihre Stromkreise überlastet sind und möglicherweise ein Upgrade erforderlich ist, um moderne Geräte und Elektronik zu betreiben.

2. Flackerndes oder dimmendes Licht

Wenn Lichter flackern oder schwächer werden, während Sie andere Geräte verwenden, kann das ein Hinweis auf einen überlasteten Stromkreis oder eine fehlerhafte Verkabelung sein. Dies geschieht, wenn mehrere Geräte mehr Strom ziehen, als der Stromkreis verarbeiten kann, wodurch die Lichter schwanken. Dies kommt häufig in älteren Häusern vor, die nicht für die elektrische Belastung moderner Häuser mit mehreren gleichzeitig laufenden Geräten ausgelegt sind.

3. **Alte Verkabelung (Knopf- und Rohrverkabelung, Aluminiumverkabelung)**

Häuser, die vor den 1960er Jahren gebaut wurden, haben möglicherweise noch eine Drehschalterverkabelung, während Häuser aus den 1970er Jahren möglicherweise Aluminiumverkabelung haben. Beide gelten als veraltet und können ernsthafte Sicherheitsrisiken bergen. Drehschalterverkabelung hat keine Erdung, was das Risiko eines Stromschlags und eines Brandes erhöht. Aluminiumverkabelung kann überhitzen und verursacht eher elektrische Brände als moderne Kupferverkabelung. Wenn Ihr Haus eine dieser Verkabelungsarten hat, ist es Zeit für eine Modernisierung.

4. **Brandgeruch oder verfärbte Steckdosen**

Ein Brandgeruch in der Nähe von Steckdosen, Lichtschaltern oder Schalttafeln ist ein ernstes Warnsignal. Dies könnte auf überhitzte Kabel oder fehlerhafte Verbindungen hinweisen, die große

Brandgefahren darstellen. Ebenso sind verfärbte oder versengte Steckdosen klare Anzeichen für Überhitzung, die häufig bei veralteten oder überlasteten Systemen auftritt.

5. Begrenzte oder unzureichende Verkaufsstellen

Wenn Sie häufig auf Verlängerungskabel oder Mehrfachsteckdosen angewiesen sind, weil es in Ihrem Haus nicht genügend Steckdosen gibt, ist Ihr elektrisches System möglicherweise veraltet. Moderne Häuser benötigen in der Regel mehr Steckdosen als ältere Häuser, um die vielen elektronischen Geräte, die die Menschen heute verwenden, unterzubringen. Eine Überlastung der Steckdosen mit mehreren Mehrfachsteckdosen kann gefährlich sein und ist ein Zeichen dafür, dass Ihr elektrisches System aufgerüstet werden muss, um den Strombedarf Ihres Haushalts zu decken.

Wenn ein Upgrade für Sicherheit und Effizienz notwendig ist
1. Vermeidung elektrischer Brände

Einer der wichtigsten Gründe für die Modernisierung Ihrer elektrischen Anlage ist die Sicherheit. Veraltete oder überlastete Verkabelungen können überhitzen und zu elektrischen Bränden führen. Älteren Systemen, wie z. B. Knauf- und Rohrverkabelungen oder Aluminiumverkabelungen, fehlen die Sicherheitsfunktionen moderner Verkabelungssysteme, wie z. B. Erdung und Leistungsschalter, die Überlastungen verhindern. Durch die Modernisierung Ihrer Anlage können Sie Ihr Zuhause vor diesen Gefahren schützen.

2. Unterstützung moderner elektrischer Lasten

Häuser, die vor mehreren Jahrzehnten gebaut wurden, waren nicht dafür ausgelegt, die elektrische Belastung durch heutige Geräte und Elektronik zu tragen. Mit dem Aufkommen von Heimbüros, Unterhaltungssystemen und Smart-Home-Geräten verbraucht der durchschnittliche Haushalt weitaus mehr Strom als in der Vergangenheit. Durch die Modernisierung Ihres elektrischen Systems wird sichergestellt, dass Ihr Zuhause diesen Anforderungen sicher und effizient gerecht wird.

3. Verbesserung der Energieeffizienz

Auch die Modernisierung Ihrer elektrischen Anlage kann die Energieeffizienz Ihres Hauses verbessern. Moderne Systeme und Verkabelungen können Energieverschwendung reduzieren, indem sie Strom effizienter liefern, was Ihre Energierechnungen im Laufe der Zeit senken kann. Darüber hinaus erfordert die Modernisierung energieeffizienter Geräte oft aktualisierte Schaltkreise, die ihren Strombedarf decken können.

4. Wertsteigerung für Ihr Zuhause

Eine verbesserte elektrische Anlage verbessert nicht nur die Sicherheit und Leistung, sondern kann auch den Wert Ihres Hauses steigern. Potenzielle Käufer werden es zu schätzen wissen, dass das Haus mit einer modernen, sicheren und effizienten elektrischen Anlage ausgestattet ist. Wenn Sie planen, Ihr Haus zu verkaufen, könnte diese Modernisierung eine wertvolle Investition sein.

Das Erkennen der Anzeichen einer veralteten oder überlasteten elektrischen Anlage ist entscheidend für die Aufrechterhaltung der Sicherheit und

Effizienz in Ihrem Zuhause. Wenn Sie häufige Auslösungen von Schutzschaltern oder flackerndes Licht feststellen oder Brandgeruch oder alte Verkabelung bemerken, ist es an der Zeit, über eine Modernisierung nachzudenken. Durch die Modernisierung Ihrer elektrischen Anlage verhindern Sie potenzielle Brandgefahren, unterstützen moderne Geräte, verbessern die Energieeffizienz und steigern den Wert Ihres Hauses.

Hinzufügen neuer Schaltkreise für moderne Technologien

Da Haushalte immer stärker mit Technologie vernetzt werden, ist der Bedarf an elektrischen Systemen dramatisch gestiegen. Von Smart-Home-Systemen bis hin zu Ladestationen für Elektrofahrzeuge (EV) benötigen moderne Haushalte spezielle Schaltkreise, um neue Technologien sicher und effizient zu nutzen. Das Hinzufügen neuer, auf diese Anforderungen zugeschnittener Schaltkreise ist für Hausbesitzer, Heimwerker und Elektriker von entscheidender Bedeutung, die ihre Häuser zukunftssicher machen oder modernisieren möchten.

Smart-Home-Systeme

Der Aufstieg der Smart-Home-Technologie – wie intelligente Beleuchtung, Sicherheitssysteme, sprachgesteuerte Geräte und automatisierte Klimaregelung – bedeutet, dass Häuser jetzt eine zuverlässige und robuste elektrische Infrastruktur benötigen. Smart-Home-Systeme werden über verschiedene elektronische Geräte verbunden und gesteuert, was die vorhandenen Stromkreise zusätzlich belastet. In einigen Fällen verbrauchen Geräte wie intelligente Thermostate, Sicherheitskameras oder intelligente Beleuchtungssysteme zwar wenig Strom , aber kumulativ erhöhen sie die Belastung der Stromkreise Ihres Hauses.

Um eine Überlastung Ihres bestehenden elektrischen Systems zu vermeiden, ist es sinnvoll, einen eigenen Stromkreis für Ihren Smart Home Hub hinzuzufügen. Dadurch wird sichergestellt, dass alle angeschlossenen Geräte reibungslos und sicher funktionieren, ohne dass Leistungsschalter ausgelöst werden oder Systemausfälle auftreten. Intelligente Sicherheitssysteme mit Überwachungskameras, Bewegungsmeldern und Alarmen benötigen beispielsweise eine stabile und unterbrechungsfreie Stromversorgung. Die Installation eines separaten Stromkreises für diese Systeme verringert das Ausfallrisiko und schützt Ihr Zuhause.

Ladestationen für Elektrofahrzeuge

Elektrofahrzeuge (EVs) erfreuen sich immer größerer Beliebtheit und das Aufladen zu Hause ist die bequemste Möglichkeit, um sicherzustellen, dass Ihr Auto fahrbereit ist. Allerdings benötigen Ladestationen für EVs einen eigenen Hochspannungsstromkreis, normalerweise 240 Volt, um ordnungsgemäß zu funktionieren. Durch das Hinzufügen eines separaten Stromkreises speziell für eine Ladestation für EVs wird eine Überlastung anderer Stromkreise in Ihrem Haus verhindert und sichergestellt, dass das Ladegerät mit voller Kapazität arbeitet.

Ein typisches EV-Ladegerät der Stufe 2 erfordert beispielsweise einen 40-Ampere-Unterbrecher und eine Verkabelung, die 240 Volt aushält. Durch die Installation eines eigenen Stromkreises für diesen Zweck wird sichergestellt, dass Ihr EV-Ladegerät andere Heimelektronik nicht stört oder Unterbrecher auslöst.

Installieren dedizierter Schaltkreise für Heimbüros und Entertainment-Center
➢ Home-Offices

Mit dem wachsenden Trend zur Fernarbeit sind Heimbüros zu einem wesentlichen Bestandteil moderner Haushalte geworden. Computer, Drucker, Beleuchtung und andere Bürogeräte können das elektrische System Ihres Hauses erheblich belasten. Die Installation eines eigenen Stromkreises für Ihr Heimbüro kann die Leistung verbessern und das Risiko einer Überlastung anderer Stromkreise verringern.

Wenn Ihre Bürogeräte beispielsweise insgesamt 20 Ampere verbrauchen und an einen Stromkreis angeschlossen sind, der auch andere Teile des Hauses mit Strom versorgt, kann der Schutzschalter leicht auslösen. Ein dedizierter 20-Ampere-Stromkreis für Ihr Heimbüro ermöglicht es Ihnen, alle Ihre Geräte gleichzeitig ohne Unterbrechungen zu verwenden und sicherzustellen, dass Ihre Arbeit nicht durch Stromprobleme unterbrochen wird.

➢ Unterhaltungszentren

Auch Heimunterhaltungssysteme sind moderner geworden und umfassen häufig HD-Fernseher, Surround-Sound-Systeme, Spielekonsolen und Streaming-Geräte. Diese Systeme verbrauchen beträchtliche Mengen an Strom, insbesondere wenn sie gleichzeitig verwendet werden. Durch das Hinzufügen eines eigenen Stromkreises für Ihr Entertainment-Center wird sichergestellt, dass diese Geräte betrieben werden können, ohne andere Stromkreise im Haus zu überlasten.

Ein typisches Entertainmentsystem kann beispielsweise zwischen 15 und 20 Ampere Strom verbrauchen. Wenn sich dieses System einen Stromkreis mit Lampen oder anderen Geräten teilt, kann es leicht dazu führen, dass ein Schutzschalter auslöst. Die Installation eines eigenen 20-Ampere-Stromkreises für das Entertainmentsystem verhindert dies und gewährleistet einen reibungslosen Betrieb.

Das Hinzufügen neuer Schaltkreise für moderne Technologien wie Smart-Home-Systeme, Ladestationen für Elektrofahrzeuge, Heimbüros und Entertainment-Center ist ein entscheidender Schritt bei der Modernisierung der elektrischen Infrastruktur Ihres Hauses. Dedizierte Schaltkreise stellen sicher, dass neue Geräte und Systeme effizient arbeiten, verringern das Risiko einer Überlastung Ihres elektrischen Systems und bieten die Zuverlässigkeit und den Komfort, den moderne Hausbesitzer verlangen. Egal, ob Sie intelligente Geräte integrieren oder ein Ladegerät für Elektrofahrzeuge installieren, eine sorgfältige Planung Ihrer Schaltkreise macht Ihr Zuhause zukunftssicher für die Technologie von heute und morgen.

Integration energieeffizienter Lösungen

Da wir uns der Umweltauswirkungen und steigenden Energiekosten immer bewusster werden, ist die Integration energieeffizienter Lösungen in unsere Häuser zu einem praktischen und umweltfreundlichen Ansatz geworden. Moderne Hausbesitzer setzen zunehmend auf energieeffiziente Systeme wie LED-Beleuchtung, Solarenergie und energiesparende Geräte, um den Energieverbrauch zu senken und die Stromrechnung zu senken. Mit diesen Verbesserungen gehen jedoch wichtige

Überlegungen zur Verkabelung einher, die sicherstellen, dass diese Systeme effizient und sicher funktionieren.

LED-Beleuchtung: Eine helle Wahl für Effizienz

LED-Beleuchtung (Leuchtdioden) hat aufgrund ihrer Langlebigkeit und ihres deutlich geringeren Energieverbrauchs im Vergleich zu herkömmlichen Glüh- oder Leuchtstofflampen schnell an Popularität gewonnen. LED-Leuchten verbrauchen bis zu 75 % weniger Energie und halten 25-mal länger, was sie für energiebewusste Hausbesitzer zur offensichtlichen Wahl macht. Bei der Integration von LED-Beleuchtung ist es wichtig, die spezifischen Verkabelungsanforderungen dieser Leuchten zu verstehen.

LED-Leuchten arbeiten normalerweise mit Niederspannung, daher müssen Sie in Ihrer Hausverkabelung möglicherweise Transformatoren oder Treiber verwenden, um die Spannung von standardmäßigen 120 V auf die für bestimmte LED-Systeme erforderlichen 12 V oder 24 V herunterzusetzen. Darüber hinaus erfordern dimmbare LED-Leuchten möglicherweise spezielle Dimmerschalter, die mit der LED-Technologie kompatibel sind, da herkömmliche Dimmer mit diesen effizienten Lampen möglicherweise nicht richtig funktionieren. Durch eine ordnungsgemäße Verkabelung können Sie die Energiesparvorteile der LED-Beleuchtung voll ausnutzen, ohne auf Flackern oder Dimmprobleme zu stoßen.

Solarstromanlagen: Nutzung der Sonnenenergie

Solarenergie ist eine der beliebtesten erneuerbaren Energielösungen für Hausbesitzer, die ihre Abhängigkeit vom Stromnetz reduzieren möchten. Durch die Installation von Solarmodulen auf Ihrem Dach oder Grundstück können Sie Ihren eigenen Strom erzeugen und so Ihre Energierechnung und Ihren CO_2-Fußabdruck senken. Die Integration eines Solarstromsystems erfordert jedoch bestimmte Verkabelungs- und Installationsüberlegungen.

Ein typisches Solarstromsystem erfordert einen Wechselrichter, der den von den Panels erzeugten Gleichstrom in Wechselstrom umwandelt, der Ihr

Haus mit Strom versorgt. Die Verkabelung von den Solarpanels zum Wechselrichter muss die vom System erzeugte Spannung aushalten, die je nach Größe und Konfiguration zwischen 12 V und 600 V liegen kann. Darüber hinaus müssen Hausbesitzer möglicherweise einen speziellen Leistungsschalter für das Solarsystem im Schaltschrank installieren, um es vor Überlastungen zu schützen und einen sicheren Betrieb zu gewährleisten.

Beim Verkabeln einer Solarstromanlage ist es wichtig, die örtlichen Vorschriften und Bestimmungen einzuhalten und einen zugelassenen Elektriker mit Erfahrung in erneuerbaren Energiesystemen hinzuzuziehen. Eine ordnungsgemäße Verkabelung stellt sicher, dass die von den Solarmodulen erzeugte Energie effizient im ganzen Haus verteilt wird, sodass Hausbesitzer den Nutzen ihrer Investition in erneuerbare Energien maximieren können.

Energieeffiziente Geräte: Verkabelung für geringeren Verbrauch

Moderne Haushaltsgeräte werden mit Blick auf Energieeffizienz entwickelt, von Kühlschränken und

Geschirrspülern bis hin zu Heizungs-, Lüftungs- und Klimaanlagen und Waschmaschinen. Diese Geräte nutzen fortschrittliche Technologie, um den Energieverbrauch zu senken und gleichzeitig eine hohe Leistung aufrechtzuerhalten. Beispielsweise verbrauchen Geräte mit ENERGY STAR-Kennzeichnung deutlich weniger Energie als Standardmodelle und sind daher eine ausgezeichnete Wahl für umweltbewusste Hausbesitzer.

Wenn Sie energieeffiziente Geräte in Ihr Zuhause integrieren, müssen Sie sicherstellen, dass Ihre elektrische Verkabelung deren Betrieb unterstützt. Viele moderne Geräte sind mit fortschrittlichen Funktionen wie digitalen Anzeigen, intelligenten Steuerungen und Motoren mit variabler Geschwindigkeit ausgestattet. All diese Funktionen erfordern möglicherweise spezielle Verkabelungen oder dedizierte Stromkreise, um eine Überlastung Ihres elektrischen Systems zu vermeiden. Für Geräte mit hoher Belastung wie HLK-Systeme oder Elektroöfen müssen Sie möglicherweise auch dedizierte Stromkreise installieren, um deren effizienten und sicheren Betrieb zu gewährleisten.

Verkabelungsüberlegungen für die Integration erneuerbarer Energien

Zusätzlich zu den spezifischen Verkabelungsanforderungen für LED-Beleuchtung, Solarstromsysteme und energieeffiziente Geräte ist es wichtig, die Verkabelung Ihres Hauses so zu planen, dass zukünftige energieeffiziente Upgrades möglich sind. Dies kann die Installation zusätzlicher Stromkreiskapazitäten für neue erneuerbare Energiequellen oder die Aufrüstung Ihres Schaltschranks zur Bewältigung höherer Lasten umfassen. Wenn Sie die Auswirkungen der Verkabelung frühzeitig berücksichtigen, können Sie ein elektrisches System erstellen, das Ihre Energiesparbemühungen über Jahre hinweg unterstützt.

Wenn Sie energieeffiziente Lösungen wie LED-Beleuchtung, Solarstromanlagen und moderne Haushaltsgeräte in Ihr Zuhause integrieren möchten, müssen Sie den Verkabelungsbedarf sorgfältig berücksichtigen. Indem Sie sicherstellen, dass Ihre elektrische Infrastruktur diese Technologien unterstützt, können Sie sich über niedrigere Energiekosten, eine geringere Umweltbelastung und ein nachhaltigeres, zukunftssichereres Zuhause freuen. Durch die richtige Planung und Installation stellen Sie sicher, dass Ihre energieeffizienten Upgrades langfristige Vorteile bieten und gleichzeitig zu einem umweltfreundlicheren Lebensstil beitragen.

KAPITEL 7: VERKABELUNG FÜR SMART HOME AUTOMATION

Die Grundlagen der Smart-Home-Verkabelung

Smart-Home-Technologie verändert unsere Lebensweise und bietet Komfort, Energieeffizienz und mehr Sicherheit. Mit einem Smart Home können Sie alles von der Beleuchtung über die Temperatur bis hin zu Sicherheitssystemen mit nur wenigen Fingertipps auf Ihrem Smartphone oder über Sprachbefehle steuern. Die Integration dieser Technologien in Ihr Zuhause erfordert jedoch ein Verständnis der Verkabelungssysteme, die sie unterstützen. Egal, ob Sie ein neues Haus bauen oder Ihr bestehendes modernisieren, die Planung der Smart-Home-Verkabelung ist für eine reibungslose Installation dieser Systeme unerlässlich.

Übersicht über Smart Home-Technologien

Smart-Home-Technologien umfassen eine breite Palette von Geräten, die den Wohnkomfort, die Sicherheit und die Energieeffizienz verbessern sollen. Zu den gängigsten Smart-Geräten gehören:

1. Intelligente Thermostate: Diese Geräte regeln Heizung und Kühlung automatisch nach Ihren Wünschen und Ihrem Zeitplan. Sie ermöglichen auch die Fernsteuerung über Apps und sparen so Energie, wenn Sie nicht zu Hause sind.

2. Intelligente Sicherheitssysteme: Diese Systeme umfassen Kameras, Türklingeln, Sensoren und Alarme, die Ihr Zuhause überwachen und Sie auf ungewöhnliche Aktivitäten aufmerksam machen. Sie können auf Live-Feeds zugreifen, Benachrichtigungen erhalten und sogar über Ihr Smartphone durch intelligente Türklingeln sprechen.

3. Intelligente Beleuchtung: Sie können die Beleuchtung fernsteuern oder sie nach bestimmten Zeitplänen einstellen. Einige Systeme reagieren sogar auf Sprachbefehle oder Bewegungssensoren und ermöglichen so eine energieeffiziente und bequeme Steuerung der Beleuchtung zu Hause.

4. Intelligente Stecker und Geräte: Damit können Sie den Betrieb alltäglicher Geräte wie Kaffeemaschinen, Lampen oder sogar Waschmaschinen und Trockner automatisieren. Mit intelligenten Steckern können Sie Geräte von überall aus ein- oder ausschalten.

Da sich die Smart-Home-Technologie ständig weiterentwickelt, müssen Verkabelungssysteme anpassbar sein. Indem Sie sicherstellen, dass Ihr Zuhause für diese Geräte verkabelt ist, machen Sie es zukunftssicher und können später leichter neue Smart-Technologien hinzufügen.

Verkabelung für intelligente Thermostate und HLK-Systeme

Schritt-für-Schritt-Anleitung zur Installation intelligenter Thermostate

Intelligente Thermostate sind ein großartiger Einstieg in die Smart-Home-Technologie, da sie Energieeinsparungen und Komfort bieten. So können Sie ein intelligentes Thermostat in Ihrem Zuhause verkabeln und installieren:

1. **Schalten Sie die Stromversorgung Ihres HLK-Systems ab :** Bevor Sie mit Elektroarbeiten beginnen, schalten Sie die Stromversorgung Ihres HLK-Systems am Sicherungskasten ab, um die Gefahr eines Stromschlags zu vermeiden.
2. **Entfernen Sie den alten Thermostat:** Entfernen Sie vorsichtig die Abdeckung des vorhandenen Thermostats. Merken Sie sich, wie die Kabel angeschlossen sind, und markieren Sie sie bei Bedarf mit Etiketten. Lösen Sie die Kabel und entfernen Sie den alten Thermostat von der Wand.
3. **Installieren Sie die neue Rückplatte:** Befestigen Sie die Rückplatte des neuen intelligenten Thermostats an der Wand und achten Sie dabei darauf, dass die Kabellöcher mit den vorhandenen Kabeln ausgerichtet sind.
4. **Schließen Sie die Kabel an:** Verwenden Sie die beschrifteten Kabel, um sie mit den entsprechenden Anschlüssen auf der Rückplatte des intelligenten Thermostats zu verbinden. Zu den üblichen Anschlüssen gehören:
    - ➢ R (Rot): Stromkabel.
    - ➢ W (Weiß): Heizung.
    - ➢ Y (Gelb): Kühlung.
    - ➢ G (Grün): Ventilator.

> C (Blau): Gemeinsames Kabel (erforderlich für intelligente Thermostate).

Wenn Ihr System über kein C-Kabel verfügt, müssen Sie möglicherweise ein Power Extender Kit verwenden, das häufig von Thermostatherstellern bereitgestellt wird.

5. **Befestigen Sie den intelligenten Thermostat:** Befestigen Sie den Thermostat nach der Verkabelung an der Rückplatte und stellen Sie die Stromversorgung Ihres HLK-Systems wieder her.
6. **Richten Sie das intelligente Thermostat ein :** Befolgen Sie die Anweisungen des Herstellers, um das Thermostat zu konfigurieren, es mit WLAN zu verbinden und es über eine Smartphone-App zu steuern.

Anschließen intelligenter Thermostate an vorhandene HLK-Systeme

Intelligente Thermostate kommunizieren über Niederspannungskabel mit Ihrem HLK-System. In den meisten Haushalten ist der Thermostat direkt mit dem HLK-System verbunden, um Heizung, Kühlung und Lüfterbetrieb zu steuern. Stellen Sie sicher, dass die Verkabelung mit der Steuerplatine

Ihres HLK-Systems kompatibel ist und dass Sie das C-Kabel richtig angeschlossen haben, das den Thermostat kontinuierlich mit Strom versorgt.

Wenn Ihre vorhandene Verkabelung kein C-Kabel enthält, müssen Sie möglicherweise eines installieren oder eine Problemumgehung wie einen C-Kabeladapter verwenden. Dies ist wichtig, da intelligente Thermostate eine konstante Stromversorgung benötigen, um mit dem WLAN verbunden zu bleiben und Hintergrundprozesse wie Temperaturlernen und -planung auszuführen.

Verkabelung für Heimsicherheitssysteme

Kabelgebundene vs. kabellose Systeme
Heimsicherheitssysteme können kabelgebunden oder kabellos sein. Jeder Typ hat seine Vorteile:

- ➤ **Kabelgebundene Systeme:** Zuverlässiger, da sie direkt an die Stromversorgung angeschlossen sind und nicht von Funksignalen abhängig sind. Die Installation ist jedoch komplexer, da Kabel durch Wände verlegt werden müssen.

➢ **Drahtlose Systeme:** Einfacher zu installieren und flexibler, da sie WLAN- oder Mobilfunksignale verwenden. Sie sind jedoch möglicherweise weniger zuverlässig, wenn das Netzwerksignal schwach oder unterbrochen ist.

Installation von Kameras, Türklingeln und Sensoren

Konzentrieren Sie sich bei der Verkabelung Ihrer Haussicherheit auf wichtige Zugangspunkte wie Türen, Fenster und den Außenbereich Ihres Hauses. So installieren und verkabeln Sie gängige Sicherheitsgeräte:

1. **Intelligente Türklingeln:** Intelligente Türklingeln, wie etwa Videotürklingeln, benötigen sowohl Strom als auch eine stabile Internetverbindung. Sie werden normalerweise an die vorhandene Türklingelverkabelung Ihres Hauses angeschlossen (normalerweise 16–24 V Wechselstrom). Schalten Sie einfach den Leistungsschalter aus, entfernen Sie die vorhandene Türklingel und verbinden Sie die beiden Kabel mit den Klemmen auf der Montageplatte der intelligenten Türklingel. Bringen Sie die Platte wieder an, stellen Sie die

Stromversorgung wieder her und konfigurieren Sie das Gerät über die App.
2. **Überwachungskameras:** Kabelgebundene Überwachungskameras werden entweder über elektrische Leitungen oder Power over Ethernet (PoE) mit Strom versorgt, sodass sie sowohl Strom als auch Daten über ein Ethernet- Kabel empfangen können. Stellen Sie sicher, dass sich die Kamera in der Nähe einer Steckdose befindet, oder verlegen Sie Ethernet-Kabel für PoE-Systeme. Montieren Sie die Kamera, verlegen Sie die erforderlichen Kabel und verbinden Sie sie mit einem zentralen Aufzeichnungssystem oder direkt mit Ihrem Netzwerk.
3. **Sensoren:** Fenster- und Türsensoren können kabelgebunden oder kabellos sein. Bei kabelgebundenen Sensoren müssen Niederspannungskabel von jedem Sensor zu einer zentralen Sicherheitskonsole verlegt werden. Kabellose Sensoren werden mit Batterien betrieben und kommunizieren über Funksignale mit der Sicherheitskonsole, was die Installation vereinfacht.

Heimautomatisierung für Beleuchtung und Geräte

Verkabelung für intelligente Lichtsteuerungen und intelligente Stecker

Mit intelligenten Lichtsteuerungen können Sie die Beleuchtung ferngesteuert, nach Zeitplan oder basierend auf Umgebungseinflüssen wie Bewegung oder Tageszeit steuern. So können Sie intelligente Beleuchtung und Geräte verkabeln:

1. Intelligente Schalter und Dimmer: Intelligente Schalter und Dimmer werden anstelle von Standard-Wandschaltern installiert. Schalten Sie zunächst den Stromkreis am Leistungsschalter aus. Entfernen Sie den vorhandenen Schalter und verbinden Sie dann die Kabel mit den entsprechenden Anschlüssen des intelligenten Schalters (normalerweise Phase, Neutralleiter und Erdung). Einige intelligente Schalter benötigen einen Neutralleiter, um ordnungsgemäß zu funktionieren. Stellen Sie daher sicher, dass die Verkabelung Ihres Hauses kompatibel ist.

2. Smart Plugs: Diese Stecker werden in Standardsteckdosen gesteckt und ermöglichen Ihnen die Steuerung aller angeschlossenen Geräte. Es ist keine zusätzliche Verkabelung erforderlich –

schließen Sie sie einfach an und verbinden Sie sie mit Ihrem Smart Home-System.

3. Verkabelung für intelligente Beleuchtung:
Wenn Sie intelligente Lichter installieren (wie intelligente Glühbirnen oder Leuchten), stellen Sie sicher, dass die Verkabelung den Strombedarf der Lichter deckt. Wenn Sie beispielsweise dimmbare intelligente LEDs installieren, stellen Sie sicher, dass die Schalter und Schaltkreise mit der LED-Beleuchtung kompatibel sind. Intelligente Beleuchtung verwendet außerdem oft die Kommunikationsprotokolle Zigbee oder Z-Wave, sodass Sie möglicherweise einen Hub benötigen, um das Lichternetzwerk zu verwalten.

Machen Sie die Verkabelung Ihres Smart Home zukunftssicher
Wenn Sie Ihr Zuhause für aktuelle Smart-Technologien verkabeln, ist es wichtig, an zukünftige Upgrades zu denken. Dazu gehört, dass Sie sicherstellen, dass in Ihrem Schaltschrank genügend Kapazität für zusätzliche Stromkreise vorhanden ist und dass Sie zusätzliche Leitungen für zukünftige Verkabelungsanforderungen bereithalten. Erwägen Sie außerdem die Verwendung von Ethernet-Kabeln für

Hochgeschwindigkeitsverbindungen zu Geräten wie Smart-TVs, Heimbüros oder Spielesystemen.

Zusammenfassend lässt sich sagen, dass die Verkabelung für ein Smart Home die Planung, die Installation der richtigen Systeme und die Sicherstellung der Kompatibilität mit der vorhandenen Heiminfrastruktur umfasst. Egal, ob Sie Ihren Thermostat aufrüsten, Überwachungskameras installieren oder die Beleuchtung automatisieren, die richtige Verkabelung stellt sicher, dass Ihre Smart-Geräte zuverlässig und effizient funktionieren. Konsultieren Sie bei komplexen Verkabelungssystemen immer einen professionellen Elektriker, um Sicherheit und Einhaltung der Vorschriften zu gewährleisten.

KAPITEL 8: ELEKTRISCHE SICHERHEIT UND WARTUNG

Checkliste für die regelmäßige elektrische Wartung

Die Wartung der elektrischen Anlage Ihres Hauses ist entscheidend für die Gewährleistung von Sicherheit, Zuverlässigkeit und Effizienz. Elektrische Anlagen bleiben oft unbemerkt, bis etwas schief geht, aber regelmäßige Inspektionen und vorbeugende Pflege können Sie vor kostspieligen Reparaturen und potenziellen Gefahren wie Bränden bewahren. Diese Checkliste hilft Ihnen dabei, den Zustand Ihrer elektrischen Anlage im Auge zu behalten, indem sie beschreibt, was Sie regelmäßig überprüfen sollten, wie Sie Ihre Anlage auf Sicherheit testen und wie Sie häufige Probleme beheben.

Was regelmäßig überprüft werden muss: Schalttafeln, Leistungsschalter, Steckdosen und Schalter

1. **Schalttafeln und Leistungsschalter:**
   - Der Schaltschrank ist das Herzstück der elektrischen Anlage Ihres Hauses. Überprüfen Sie ihn regelmäßig auf Anzeichen von Überhitzung, Rost oder Korrosion, die auf schwerwiegende Probleme hinweisen können.
   - Stellen Sie sicher, dass alle Sicherungen eindeutig gekennzeichnet sind und ordnungsgemäß funktionieren. Testen Sie die Sicherungen, indem Sie sie aus- und wieder einschalten. Wenn sich eine Sicherung locker anfühlt oder häufig auslöst, ist es möglicherweise an der Zeit, sie auszutauschen.
   - Achten Sie auf ungewöhnliche Gerüche, wie z. B. Brandgerüche, in der Nähe des Panels, da dies auf überhitzte Kabel oder defekte Leistungsschalter hinweisen könnte.

2. **Steckdosen und Schalter:**
   - Überprüfen Sie Steckdosen auf Verschleiß, Beschädigungen oder Verfärbungen. Lose Steckdosen können Funkenbildung in den

Drähten verursachen und so die Gefahr eines elektrischen Brandes erhöhen. Wenn Sie schwarze Flecken oder Schmelzen bemerken, ersetzen Sie die Steckdose sofort.
- ➢ Testen Sie GFCI-Steckdosen (Fehlerstrom-Schutzschalter) monatlich. Diese Steckdosen sind zum Schutz vor Stromschlägen konzipiert, insbesondere in feuchten Bereichen wie Badezimmern und Küchen. Drücken Sie einfach die Taste „Test", um sicherzustellen, dass die Steckdose ausgelöst wird, und drücken Sie dann die Taste „Reset", um die Stromversorgung wiederherzustellen.
- ➢ Überprüfen Sie die Schalter auf ordnungsgemäße Funktion. Flackernde Lichter beim Umlegen eines Schalters oder ein Schalter, der sich bei Berührung warm anfühlt, können auf Verdrahtungsprobleme hinweisen, die behoben werden müssen.

Testen Sie Ihr elektrisches System auf Sicherheit

Durch regelmäßiges Testen Ihrer elektrischen Anlage stellen Sie sicher, dass diese sicher und effizient funktioniert. Hier sind einige wichtige Möglichkeiten, dies zu tun:

1. **GFCI-Steckdosen:**
   ➤ Wie bereits erwähnt, testen Sie GFCI-Steckdosen mithilfe der integrierten Testtasten. Diese Steckdosen sind für Bereiche mit Feuchtigkeitsgefahr wie Küchen, Badezimmer, Garagen und Außenbereiche unverzichtbar. Wenn eine GFCI-Steckdose beim Testen nicht auslöst, sollte sie sofort ausgetauscht werden.

2. **AFCI-Unterbrecher (Arc Fault Circuit Interrupter):**
   ➤ AFCIs schützen vor elektrischen Lichtbögen, die Brände verursachen können. Testen Sie AFCI-Unterbrecher mindestens einmal im Jahr mit der Testtaste am Unterbrecher selbst. Wenn der Unterbrecher den Test nicht besteht, ist es Zeit, ihn auszutauschen oder einen Elektriker zu konsultieren.

3. **Spannungsprüfer:**
   ➤ Mit einem berührungslosen Spannungsprüfer können Sie prüfen, ob Steckdosen, Schalter und Stromkreise unter Spannung stehen oder ob die Verkabelung unterbrochen ist. Dieses einfache Werkzeug hilft dabei, tote Steckdosen oder

Stromkreise zu identifizieren, ohne direkten Kontakt mit elektrischen Komponenten zu benötigen.

Vorbeugende Wartung

Durch vorbeugende elektrische Wartung lässt sich das Risiko von Bränden und Unfällen deutlich senken. So können Sie gefährliche Situationen vermeiden:

So vermeiden Sie elektrische Brände und Unfälle

1. Verkabelung und Isolierung prüfen:
- ➢ Abgenutzte oder beschädigte Kabel sind eine der häufigsten Ursachen für Elektrobrände. Überprüfen Sie regelmäßig die Isolierung von Kabeln auf Ihrem Dachboden, im Keller oder an freiliegenden Stellen auf Anzeichen von Ausfransungen oder Beschädigungen. Rufen Sie sofort einen Elektriker, um problematische Kabel auszutauschen.

2. Überlastung der Schaltkreise vermeiden:

➢ Wenn Sie zu viele Geräte an eine einzige Steckdose anschließen, kann dies zu einer Überlastung der Stromkreise und zu einer Überhitzung führen. Verwenden Sie Steckdosenleisten mit integriertem Überspannungsschutz und vermeiden Sie die Verbindung mehrerer Verlängerungskabel miteinander.

3. Rauchmelder installieren:
➢ Stellen Sie sicher, dass Sie Rauchmelder in der Nähe von Schalttafeln, Küchen und Schlafzimmern installiert haben. Testen Sie die Melder monatlich und ersetzen Sie die Batterien jährlich.

Überspannungsschutz, GFCI und AFCI-Wartung
1. Überspannungsschutz:
➢ Überspannungsschutzgeräte schützen vor Spannungsspitzen, die elektronische Geräte beschädigen können. Überprüfen Sie diese Geräte auf Anzeichen von Verschleiß oder Beschädigung und ersetzen Sie sie bei Bedarf. Wenn Sie in einem Gebiet leben, in dem es häufig zu Gewittern kommt, sollten Sie einen Überspannungsschutz für das ganze Haus in

Betracht ziehen, der am Schaltkasten installiert wird.

2. GFCI- und AFCI-Wartung:
➤ Sowohl GFCI- als auch AFCI-Geräte müssen, wie bereits beschrieben, regelmäßig getestet werden. Stellen Sie außerdem sicher, dass GFCIs in feuchtigkeitsgefährdeten Bereichen installiert werden und AFCIs an Orten verwendet werden, an denen Lichtbögen auftreten können, wie z. B. in Schlafzimmern, Küchen und Waschküchen.

Fehlerbehebung bei häufigen elektrischen Problemen

Elektrische Probleme sind unvermeidlich, aber einige lassen sich einfach diagnostizieren und beheben. So beheben Sie häufige Probleme und wissen, wann Sie einen Elektriker rufen sollten:

Diagnose von Problemen wie ausgelösten Sicherungen, flackernden Lichtern und toten Steckdosen

1. Ausgelöste Schutzschalter:

➢ Wenn ein Schutzschalter häufig auslöst, liegt dies wahrscheinlich an einem überlasteten Stromkreis, einem Kurzschluss oder einem defekten Gerät. Ziehen Sie zunächst die an den Stromkreis angeschlossenen Geräte aus der Steckdose und setzen Sie den Schutzschalter zurück. Wenn der Schutzschalter weiterhin auslöst, müssen Sie die Last möglicherweise gleichmäßiger auf andere Stromkreise verteilen oder einen Elektriker auf Verdrahtungsprobleme prüfen lassen.

2. Flackernde Lichter:
➢ Flackerndes Licht kann durch lose Anschlüsse, defekte Glühbirnen oder überlastete Stromkreise verursacht werden. Versuchen Sie, die Glühbirne festzuziehen oder auszutauschen. Wenn das Problem weiterhin besteht, überprüfen Sie die Verkabelung der Leuchte oder ziehen Sie eine Umverteilung der elektrischen Last in Erwägung.

3. Tote Verkaufsstellen:
➢ Eine tote Steckdose wird normalerweise durch einen ausgelösten Schutzschalter, eine durchgebrannte Sicherung oder lose

Verkabelung verursacht. Testen Sie die Steckdose mit einem Spannungsprüfer. Wenn die Steckdose keinen Strom hat und der Schutzschalter nicht ausgelöst wurde, liegt möglicherweise ein Problem mit der Verkabelung der Steckdose vor, das einer professionellen Überprüfung bedarf.

Einfache Reparaturen in Eigenregie und wann Sie einen Elektriker rufen sollten
Einige Elektroreparaturen kann ein Hausbesitzer einfach und sicher selbst durchführen:

1. **Ersetzen eines Schalters oder einer Steckdose:**
   ➢ Schalten Sie den Strom am Sicherungskasten ab, schrauben Sie den Schalter oder die Steckdose ab und trennen Sie die Verkabelung. Installieren Sie den neuen Schalter oder die neue Steckdose, indem Sie die Kabel an die entsprechenden Klemmen anschließen und die Blende wieder anbringen. Überprüfen Sie immer doppelt, ob der Strom abgeschaltet ist, bevor Sie an einem elektrischen Bauteil arbeiten.

2. **Zurücksetzen eines ausgelösten Schutzschalters:**
   ➢ Um einen Leistungsschalter zurückzusetzen, schalten Sie ihn einfach aus und wieder ein. Wenn der Leistungsschalter erneut auslöst, reduzieren Sie die Belastung des Stromkreises, indem Sie Geräte oder Elektrogeräte ausstecken, und achten Sie auf zukünftige Probleme.

Rufen Sie jedoch bei folgenden Problemen einen Elektriker an:
   ➢ Wiederholtes Auslösen des Leistungsschalters, das nicht durch Reduzierung der Last behoben werden kann.
   ➢ Brandgeruch oder Brandflecken in der Nähe von Steckdosen oder Schaltern.
   ➢ Komplexe Verkabelungsprobleme wie die Installation neuer Schaltkreise, die Aufrüstung von Schalttafeln oder die Neuverkabelung von Teilen Ihres Hauses.

Regelmäßige elektrische Wartung ist wichtig, um Ihr Zuhause sicher zu halten und Ihr elektrisches System reibungslos laufen zu lassen. Indem Sie diese Checkliste befolgen, können Sie potenzielle Probleme erkennen, bevor sie gefährlich werden, einfache Reparaturen durchführen und wissen, wann Sie professionelle Hilfe in Anspruch nehmen müssen. Regelmäßige Inspektionen, Tests und vorbeugende Pflege sind der Schlüssel zur Vermeidung kostspieliger Reparaturen und zur Gewährleistung einer sicheren, effizienten Wohnumgebung.

KAPITEL 9: GENEHMIGUNGEN, INSPEKTIONEN UND EINHALTUNG VON VORSCHRIFTEN

Die Durchführung eines Elektroprojekts, sei es bei einem Neubau oder einer Renovierung, erfordert eine sorgfältige Planung, nicht nur in Bezug auf die Installation, sondern auch, um sicherzustellen, dass Ihre Arbeit den gesetzlichen und Sicherheitsstandards entspricht. Genehmigungen, Inspektionen und die Einhaltung von Vorschriften sind wesentliche Komponenten, die Sie, Ihr Zuhause und zukünftige Bewohner vor potenziellen Gefahren schützen. In diesem Leitfaden erklären wir das Genehmigungsverfahren, wie Sie sich auf Inspektionen vorbereiten und wie wichtig es ist, lokale und nationale Elektrovorschriften einzuhalten.

Den Genehmigungsprozess meistern

Bevor Sie mit einem größeren Elektroprojekt beginnen, benötigen Sie wahrscheinlich eine Genehmigung. Genehmigungen stellen sicher, dass die Arbeit sicher und in Übereinstimmung mit den Bauvorschriften durchgeführt wird.

Schritte zur Beantragung von Genehmigungen für Elektroprojekte

1. **Stellen Sie fest, ob Sie eine Genehmigung benötigen:**
   - Für die meisten größeren Elektroprojekte, wie die Installation neuer Stromkreise, die Aufrüstung Ihres Schaltschranks oder die Neuverkabelung von Teilen Ihres Hauses, ist eine Genehmigung erforderlich. Für kleinere Reparaturen, wie den Austausch einer Leuchte oder eines Schalters, ist dies jedoch möglicherweise nicht der Fall. Es ist wichtig, sich bei Ihrer örtlichen Baubehörde zu erkundigen, für welche Projekte eine Genehmigung erforderlich ist.

2. **Wenden Sie sich an Ihre örtliche Baubehörde:**

➢ Besuchen oder rufen Sie Ihre örtliche Baubehörde an oder informieren Sie sich auf deren Website über die spezifischen Genehmigungsanforderungen. Sie müssen wahrscheinlich Einzelheiten zu Ihrem Projekt einreichen, einschließlich des Arbeitsumfangs, der Diagramme und der zu verwendenden Materialien. Diese Informationen stellen sicher, dass Ihre Pläne den Sicherheitsstandards entsprechen.

3. Füllen Sie den Antrag aus und senden Sie ihn ab:
➢ Die meisten lokalen Behörden bieten die Möglichkeit, Anträge online oder persönlich zu stellen. Sie müssen das Formular ausfüllen, unterstützende Unterlagen (wie Schaltpläne) einreichen und die entsprechende Gebühr bezahlen. Die Gebühren variieren je nach Standort und Komplexität des Projekts.

4. Auf Genehmigung warten:
➢ Sobald Sie den Antrag eingereicht haben, wird ein Überprüfungsprozess durchgeführt. Bei kleineren Projekten kann die Genehmigung

fast sofort erfolgen. Bei größeren Projekten kann es einige Tage oder sogar Wochen dauern. Nach der Genehmigung erhalten Sie die Genehmigung, mit der Sie mit der Arbeit fortfahren können.

5. Genehmigung veröffentlichen:
> In den meisten Fällen müssen Sie die Genehmigung gut sichtbar auf der Baustelle aushängen. So können die Inspektoren bei Inspektionen schnell überprüfen, ob Ihr Projekt genehmigt ist.

Vorbereitung auf elektrische Inspektionen

Nachdem Sie die erforderlichen Genehmigungen eingeholt und Ihr Elektroprojekt abgeschlossen haben, besteht der nächste Schritt darin, die Inspektion zu bestehen. Inspektionen bestätigen, dass Ihre Arbeit den Sicherheitsstandards und den Elektrovorschriften entspricht.

So stellen Sie sicher, dass Ihre Arbeit die Codeprüfungen besteht

1. Überprüfen Sie die örtlichen Vorschriften und den NEC:
- ➤ Stellen Sie sicher, dass Ihre Arbeit sowohl dem National Electrical Code (NEC) als auch den örtlichen Elektrovorschriften entspricht. Machen Sie sich mit den wichtigsten Sicherheitsanforderungen vertraut, wie z. B. ordnungsgemäße Erdung, Verkabelung und Stromkreisschutz, da diese Bereiche bei Inspektionen häufig im Mittelpunkt stehen.

2. Verwenden Sie geeignete Materialien:
- ➤ Die Inspektoren prüfen, ob alle Kabel, Sicherungen, Schalter und Steckdosen den Normen entsprechen. Verwenden Sie UL-zertifizierte Materialien, um Qualität und Konformität sicherzustellen. Vermeiden Sie Abkürzungen wie die Verwendung veralteter Kabel oder falscher Sicherungen, da diese die Prüfung nicht bestehen.

3. Führen Sie eine Selbstinspektion durch:

> Bevor Sie eine offizielle Inspektion planen, gehen Sie Ihre Arbeit mit kritischem Blick durch. Stellen Sie sicher, dass die Kabel ordnungsgemäß gesichert, Steckdosen und Schalter richtig installiert und alle Verbindungen fest sind. Achten Sie auf die Erdung und stellen Sie sicher, dass AFCI- und GFCI-Geräte dort installiert sind, wo es der Code vorschreibt.

4. Halten Sie den Bereich zugänglich:
> Inspektoren benötigen Zugang zu verschiedenen Teilen Ihrer Installation, wie z. B. Anschlusskästen, Schalttafeln und Steckdosen. Stellen Sie sicher, dass diese Bereiche frei von Hindernissen sind, und halten Sie Ihre Schaltpläne und Genehmigungsdokumente als Referenz bereit.

Häufige Fehler, die Sie vermeiden sollten
1. Überfüllen von Kartons:
> Schaltkästen haben je nach Anzahl und Größe der hineinführenden Kabel einen bestimmten Platzbedarf. Das Überfüllen eines Kastens ist ein häufiger Fehler und kann zu Überhitzung

führen. Stellen Sie sicher, dass Sie die NEC-Richtlinien zur Kastenfüllkapazität einhalten.

2. Falsche Kabelgröße:
> ➢ Die Verwendung von Kabeln, die für die Stromstärke des Stromkreises zu klein sind, ist ein häufiger Fehler. Wenn Sie beispielsweise ein 14-Gauge-Kabel in einem 20-Ampere-Stromkreis verwenden, besteht es die Prüfung nicht, da das Kabel überhitzen könnte. Stellen Sie immer sicher, dass der Kabeldurchmesser den Anforderungen des Stromkreises entspricht.

3. Schlechte Erdung:
> ➢ Die Erdung ist ein wichtiges Sicherheitsmerkmal, das Stromschläge und Brände verhindert. Stellen Sie sicher, dass alle Metallkästen und -geräte ordnungsgemäß geerdet sind, um die Prüfung zu bestehen. Das Überspringen dieses Schritts führt mit ziemlicher Sicherheit zu einer fehlgeschlagenen Prüfung.

Einhaltung lokaler und nationaler Elektrovorschriften

Die Einhaltung der Elektrovorschriften ist bei jedem Elektroprojekt unverzichtbar. Sowohl der National Electrical Code (NEC) als auch die örtlichen Vorschriften sollen die Sicherheit, Zuverlässigkeit und Effizienz der elektrischen Anlage Ihres Hauses gewährleisten.

Sicherstellung der Einhaltung des NEC und lokaler Vorschriften

1. **Verstehen Sie den NEC:**
   - Der NEC ist ein national anerkannter Standard, der sichere Praktiken für elektrische Leitungen und Geräte beschreibt. Er deckt alles ab, von der Art der Materialien, die Sie verwenden können, bis hin zu den richtigen Installationsmethoden. Es ist wichtig, über die NEC-Updates auf dem Laufenden zu bleiben, da die Codes alle drei Jahre überarbeitet werden, um neue Sicherheitsmaßnahmen und Technologien zu berücksichtigen.

2. **Befolgen Sie die örtlichen Vorschriften:**

➢ Während der NEC einen nationalen Rahmen bietet, haben lokale Baubehörden oft zusätzliche Regeln, die regionale Sicherheitsbedenken, Umweltfaktoren und Gebäudetypen berücksichtigen. Erkundigen Sie sich immer bei Ihrer örtlichen Baubehörde nach zusätzlichen Anforderungen, die für Ihr Projekt gelten könnten.

3. Fokus auf sicherheitsrelevante Codes:
➢ Zu den wichtigen Abschnitten des NEC und der örtlichen Vorschriften gehören Anforderungen an den GFCI-Schutz in Küchen, Badezimmern und Außenbereichen, den AFCI-Schutz für Wohnbereiche und ordnungsgemäße Erdungstechniken. Die Einhaltung dieser Vorschriften stellt nicht nur sicher, dass Ihr elektrisches System effizient ist, sondern minimiert auch das Risiko von elektrischen Bränden, Stromschlägen und anderen Gefahren.

4. Einen zugelassenen Elektriker beauftragen:
➢ Wenn Ihr Projekt komplex ist oder Sie sich über die Vorschriften nicht im Klaren sind, ist

es immer eine gute Idee, einen zugelassenen Elektriker zu beauftragen. Diese sind darin geschult, sowohl die NEC- als auch die örtlichen Vorschriften einzuhalten, und stellen sicher, dass Ihre Arbeit sicher ausgeführt wird und die Prüfung besteht.

Das Durchlaufen des Genehmigungsverfahrens, die Vorbereitung auf Inspektionen und die Einhaltung der Elektrovorschriften sind wesentliche Schritte für jedes erfolgreiche Elektroprojekt. Indem Sie die richtigen Verfahren befolgen und häufige Fehler vermeiden, stellen Sie sicher, dass Ihre Arbeit sicher, konform und zuverlässig ist. Wenn Sie die Bedeutung von Genehmigungen und Inspektionen verstehen, können Sie nicht nur Bußgelder und Nacharbeiten vermeiden, sondern auch Ihr Zuhause und Ihre Familie vor potenziellen elektrischen Gefahren schützen. Egal, ob Sie die Arbeit selbst durchführen oder einen Fachmann beauftragen, informiert zu bleiben und lokale und nationale Vorschriften einzuhalten, ist der Schlüssel zu einem sicheren und effizienten elektrischen System.

ANHÄNGE

Glossar der elektrischen Begriffe

Ampere (Ampere) – Eine Einheit für elektrischen Strom, die die Menge an Elektrizität misst, die durch einen Stromkreis fließt. Sie wird oft als „Ampere" bezeichnet.

Stromkreis – Ein vollständiger, geschlossener Pfad, durch den Elektrizität fließt, normalerweise bestehend aus Kabeln, einer Stromquelle und angeschlossenen Geräten.

Leiter – Ein Material wie Kupfer oder Aluminium, durch das Elektrizität mit minimalem Widerstand fließen kann.

Erdung – Eine Sicherheitsmaßnahme, die einen Weg für den elektrischen Strom zurück zur Erde bereitstellt und so Stromschläge und Brände verhindert.

Leistungsschalter (Circuit Breaker) – Ein Gerät, das den Stromfluss automatisch unterbricht, wenn ein Stromkreis überlastet wird oder ein Fehler auftritt, und so das System vor Schäden schützt.

GFCI (Ground Fault Circuit Interrupter) – Ein spezieller Steckdosentyp, der Stromschläge verhindern soll, indem er den Strom abschaltet, wenn er ein Ungleichgewicht im Strom erkennt.

AFCI (Arc Fault Circuit Interrupter) – Ein Leistungsschaltertyp, der elektrische Brände verhindern soll, indem er Lichtbögen erkennt, die entstehen, wenn der Strom zwischen Anschlüssen überspringt und auf ein potenzielles Problem hinweist.

Ohm – Eine Einheit für den elektrischen Widerstand. Sie misst, wie stark ein Material dem Stromfluss widersteht.

Spannung (Volt) – Die elektrische Potentialdifferenz zwischen zwei Punkten. Es ist die

Kraft, die elektrischen Strom durch einen Leiter drückt.

Watt – Eine Einheit für elektrische Leistung. Sie misst die Rate, mit der Energie verbraucht oder erzeugt wird.

Schalttafel (Service-Schalttafel) – Ein Metallkasten, in dem sich Leistungsschalter oder Sicherungen befinden. Er verteilt den Strom an verschiedene Stromkreise im Haus und dient als zentrale Stelle für die Verwaltung der Stromversorgung.

Last – Die Menge an elektrischer Energie, die von Geräten verbraucht wird, die an einen Stromkreis angeschlossen sind. Lasten können als leicht (wie Lampen) oder schwer (wie Kühlschränke und Klimaanlagen) klassifiziert werden.

Transformator – Ein Gerät, das die Spannung elektrischer Energie von einem Niveau auf ein anderes ändert, indem es entweder die Spannung erhöht (Aufwärtstransformator) oder verringert (Abwärtstransformator).

Conduit – Ein Schutzrohr oder -kanal zum Verlegen und Schützen elektrischer Leitungen. Es kann aus Metall oder Kunststoff bestehen und schützt Leitungen vor Beschädigungen.

Drahtstärke – Eine Messung des Durchmessers eines Drahtes, die seine Strombelastbarkeit bestimmt. Eine niedrigere Stärkenummer weist auf einen dickeren Draht hin, der höhere Lasten aushalten kann.

Überspannungsschutz – Ein Gerät zum Schutz elektrischer Geräte vor Spannungsspitzen, indem es die überschüssige Spannung zur Erde ableitet.

Spannungsabfall – Die Verringerung der Spannung im Stromkreis zwischen Quelle und Last. Es ist wichtig, den Spannungsabfall zu berechnen, um sicherzustellen, dass die Geräte ausreichend Spannung für den ordnungsgemäßen Betrieb erhalten.

Neutralleiter – Ein Leiter, der den Strom vom Gerät weg und zurück zum Verteilerkasten leitet und so den Stromkreis schließt. Er ist normalerweise weiß.

Stromführender Draht – Ein Draht, der Strom vom Servicepanel zur Last leitet. Er ist normalerweise schwarz oder rot.

Romex – Eine Art nichtmetallisches (NM) ummanteltes Kabel, das häufig für die Hausverkabelung verwendet wird. Es besteht aus mehreren isolierten Leitern und ist für trockene Innenanwendungen geeignet.

www.ingramcontent.com/pod-product-compliance
Lightning Source LLC
Chambersburg PA
CBHW071052240526
45471CB00015B/1647